И.М. Халатников

Дау, Кентавр и другие
(Top nonsecret)

Физматлит
2012

УДК 539.1
ББК 22.3г
    Х 17

Халатников И. М. **Дау, Кентавр и другие. Top non-secret.** — М.: ФИЗМАТЛИТ, 2012. — 192 с. — ISBN 978-5-9221-0877-5.

В книге известного физика-теоретика академика И.М. Халатникова рассказывается о жизни физиков в «золотой век», когда шло соревнование между физиками и лириками за влияние на умы. Среди кумиров общества звучали чаще других имена Л.Д. Ландау и П.Л. Капицы. Уже при жизни о них складывались легенды.

Автор работал вместе с Л.Д. Ландау в Институте физпроблем, руководимом П.Л. Капицей. Он соавтор Л.Д. Ландау по целому ряду эпохальных работ, они вместе работали в рамках Атомного проекта.

После смерти Л.Д. Ландау И.М. Халатников основал Институт теоретической физики, носящий имя Ландау. Институт сыграл решающую роль в сохранении школы Ландау и развитии теоретической физики в мире.

Рассказ о том, как создавали институт, как он работал, поможет понять, как в условиях неполной свободы мог успешно функционировать коллектив, где царила атмосфера духовной и научной свободы. Читатель может спросить, в чем секрет кажущегося противоречия. Ответ: никакого секрета нет. Об этом книга.

ISBN 978-5-9221-0877-5

© ФИЗМАТЛИТ, 2007, 2008, 2009 2012
© И. М. Халатников, 2007, 2008, 2009, 2012

Вместо предисловия

Друзья, слышавшие мои устные рассказы, часто выражали пожелания, чтобы я написал воспоминания. Под давлением их рекомендаций я было уже почти созрел для этого. Но после прочтения книги воспоминаний Нины Берберовой понял, что следует писать либо так, как это сделала Берберова, либо не писать вовсе. Основной урок, который я почерпнул: воспоминания не должны быть отчетом о пережитом и, главное, истории не должны досказываться до конца. Читатель может сам о многом догадываться.

И все же в конце концов я решился на эти наброски о событиях, происходивших в «золотой век» физики, и об истории создания Института теоретической физики им. Л.Д. Ландау (с небольшим автобиографическим уклоном), главным образом потому, что нахожу это поучительным теперь, когда в умах наших людей царит разброд по поводу прожитой нами жизни и особенно по поводу того, куда мы двигаемся.

Академик
И.М. Халатников

НАЧАЛО

Детство

Судя по данным моего паспорта, я родился 17 октября 1919 г., но у меня есть ощущение, что у меня по ошибке отняли тринадцать дней, то есть на самом деле это произошло 4 октября. А путаница могла выйти из-за перехода на новый, григорианский календарь, который случился в восемнадцатом году. Мама рассказывала мне, что я родился в еврейский праздник Торы, самый веселый праздник года, когда заканчивают читать книгу Торы. Потом ее начинают читать сначала.

Специально для дотошного читателя, который, возможно, захочет выверить даты и факты, я приведу еще один «исторический» факт. В день моего рождения в город Екатеринослав (так тогда назывался Днепропетровск) входили банды Махно. Моя мама, схватив новорожденного меня, побежала прятаться — было известно, что, хотя бандиты сами толком не знали, за белых они или за красных, погромы они, тем не менее, иногда устраивали. И на всякий случай мама решила спрятаться. И в суматохе она несла меня головой вниз. Возможно, именно эта встряска сыграла роль в дальнейшем развитии моих умственных способностей.

Свое раннее детство я помню довольно смутно, а первые отчетливые воспоминания связаны уже со школой.

Я пошел учиться в украинскую «семиричку», то есть семилетку. Обучение в ней проходило на украинском языке. В то время в нашем городе большинство школ было украинскими. Сам город, как я уже сказал, тогда еще назывался Екатеринослав, а в Днепропетровск он был переименован позже, в честь всеукраинского старосты Петровского, а вовсе не в честь Петра. Надо сказать, что этот Петровский Григорий Иванович до революции был главой социал-демократической фракции в Думе, а потом, при советской власти, был украинским эквивалентом Калинину.

Если же говорить о всеобщей «украинизации» тех лет, то мы, пожалуй, ее никак не ощущали. Надо было учить украинский язык — мы учили. Это не рассматривалось как бедствие, в отличие от нынешнего отношения к подобным реформам. Украинский язык очень звучный, легко учится. Я изучал литературу по украинским книжкам. Запомнилась книга Панаса Мирного «Хиба ревуть волы, як ясла повны», что в переводе на русский значит: «Разве волы ревут, если кормушка полна». Еще я помню книжку о современной Украине, которая была посвящена коллективизации и называлась «Аванпосты». Там председатель колхоза, заканчивая каждое свое выступление, говорил колхозникам: «Канайте! План реальный». Я очень люблю с тех пор это полезное выражение.

В школе я был шустрым, подвижным мальчиком. Не хулиганом, конечно, но — подвижным. На уроках мне было, как я себе представляю, немножко скучно, и я вел себя, наверное, не самым лучшим образом. Моя мама, которая за все время моей учебы была в школе только один раз, рассказывала потом следующее: учитель сказал ей, что мальчик я хоть и хороший, но — «шкидный». А «шкидный» по-украински значит — «вредитель», и в то время — шел уже 1929 год — это слово было не совсем безобидным, так как процессы по делу вредителей набирали силу. Так что я с самых юных лет был причислен к отряду этих самых вредителей. После этого мама в школу больше не ходила.

В тридцатые годы на Украине был голод. В школу я поступил в 1926 г., а уже в 1932, когда был голодомор, я получил там свой самый первый урок лицемерия.

Представьте себе картину — на улицах лежат опухшие от голода мертвые и умирающие люди, и мы, тринадцати-четырнадцатилетние подростки, не только видели это своими глазами каждый день, но и сами ели не так часто, как хотелось бы. А на уроках обществоведения нам рассказывали о преимуществах социалистической системы и советской жизни. И после каждой фразы наша учительница, обращаясь к голодным детям, вопрошала: «Дети, правда, вы сыты?» Эти уроки я запомнил на всю жизнь. И до сих пор, приглашая гостей, после окончания большого застолья, иногда спрашиваю: «Дети, правда, вы сыты?»

До 1935 г. есть было практически нечего. Была строгая карточная система. Карточки назывались «заборные книжки». На углу нашей улицы в подвальчике находился магазин, и там по этим книжкам изредка выдавали тюльку. Килограмм в одни руки, и его непременно записывали в эту самую «заборную книжку».

5

Но в 1935 г., после того, как Сталин объявил, что жить стало лучше, стало веселее, во всех магазинах сразу появились белые калачи. Это было. Я до сих пор помню эти калачи — до того мы такого хлеба не видели.

Об общественных организациях

Нас с самого детства приучали к общественно-политической деятельности. Уже в начальной школе я лично, как и каждый из школьников, состоял как минимум в трех общественных организациях и носил в кармане их членские билеты. Это были МОПР — Международная Организация Помощи Революционерам — красная книжечка, на обложке которой была изображена тюремная решетка, и из-за нее высовывалась рука с платочком. Потом СВБ — Союз Воинствующих Безбожников. Третьим было общество ДД — Друг Детей. Это общество, судя по названию, должно было заниматься заботой о детях, но его отношение к нам ограничивалось лишь сбором членских взносов.

Взносы собирали все три организации. Хотя они и не подчинялись напрямую государству, дело в них было поставлено очень серьезно — каждый месяц с каждого из нас неуклонно взимали по копейке для всех этих детей и безбожников. Так что, как видите, идея общественных организаций была в советском обществе изначально и не является каким-то достижением последнего времени.

В 30-е годы образование вообще непрерывно реформировалось. Так например, одно время у нас ввели так называемый бригадный метод обучения. Состоял он в следующем. Класс разделили на бригады по пять-шесть человек, среди них выбирался бригадир. В моей бригаде это был я. Вся бригада сидела за одним большим столом. Кто-нибудь один вслух зачитывал какой-то раздел учебника, после чего по прочитанному материалу сдавался экзамен. Его сдавал бригадир, но отметки выставлялись всей бригаде.

В то время не было семидневной недели. В системе образования, как и во многом другом, проводились постоянные реорганизации. Так, сперва была пятидневка, то есть выходным днем был каждый пятый, потом ее заменили на шестидневку.

Еще я помню, как в моей начальной школе, да, наверное, и в других тоже, в 1932 г. был внезапно организован Первый

Стрелковый Пионерский Батальон. Все школьники, начиная с пятых классов, были зачислены в этот батальон. Во главе его стоял какой-то предприимчивый молодой человек, по-видимому, присланный из райкома комсомола. Кроме того, у батальона был военрук, человек из военных. Этот военрук неожиданно назначил меня начальником штаба этого пионерского батальона. Это было для меня очень странно, потому что я был совсем не спортивным на вид, щупленьким, худеньким мальчиком, никаким спортом не занимался, вперед не вылезал. И чем руководствовался военрук, назначая меня, мне было тогда непонятно. Почему из сотни детей он выбрал именно меня, как он понял, что во мне есть качества лидера, о которых я и сам в то время не подозревал? Я никогда не старался занять какую-то ведущую позицию и вообще не высовывался, но, тем не менее, на разных этапах своей жизни так или иначе, иногда неожиданно для себя на такой позиции оказывался. Поэтому мне совершенно очевидно, что люди не становятся лидерами, то есть это качество нельзя воспитать. Лидером надо родиться. Я думаю, талант руководителя, среди прочего, состоит именно в том, чтобы вовремя разглядеть в человеке, причем в одном из многих, эти лидерские качества. Ну, и, по возможности, развить их в нужном направлении. Или же, наоборот, подавить.

Мое лидерство, таким образом, начало проявляться еще в средней школе, то есть довольно рано. Я никогда и в дальнейшей своей жизни не любил ни собраний, ни речей, особенно пустопорожних и бессмысленных. Наверное, поэтому я и не стал политиком. Политику трудно представить без подобных речей.

Помню некоторые культурные мероприятия, проводимые в школе. Например, «культпоход» в баню. В выходной день вся школа выстраивалась по классам и со знаменами и барабанами отправлялась на помывку в баню. Хорошо, что та находилась не слишком далеко.

Конечно, все это мелочи, но мне кажется, они достаточно ярко передают колорит той эпохи. Ведь это было, как все мы знаем теперь, не только трудное, но и страшное время.

В начале тридцатых годов происходила так называемая «чистка рядов». Это был большой политический процесс, вернее, даже ряд процессов. Они очень подробно описывались во всех газетах. Я регулярно читал отчеты об этих процессах и запомнил довольно подробно многие места, которые вызывали тогда мой интерес.

Были процессы, были и неизбежные аресты. К счастью, вокруг меня их было не так много, однако я помню, что в нашем дворе арестовали одного соседа, военного довольно высокого ранга. По нынешним чинам он был, наверное, подполковник — у него было две «шпалы». Я не помню никакой особенной реакции на этот арест — это было просто принято как факт. Мы знали, что сосед арестован, и все. Никаких разговоров об этом не было, тогда было не принято обсуждать правильность или неправильность таких действий власти.

Из процессов я еще вспоминаю процесс над маршалами. Особенно мне запомнилось, как Тухачевскому приписывали крамольные слова, что если бы у него было три мушкетера, он захватил бы Кремль. Эта фраза произвела на меня тогда большое впечатление, я ее оценил и запомнил. Но в дальнейшей жизни я неоднократно убеждался, что для того, чтобы совершить что-то серьезное, достаточно не трех, а всего одного мушкетера. Правда, даже этого одного мушкетера бывает очень трудно найти, так что требования Тухачевского были сильно завышены. Три мушкетера — это непозволительная роскошь, но если есть хотя бы один, можно сделать очень большие дела.

Мне случалось искать и находить себе таких мушкетеров, я еще буду возвращаться в своих рассказах к этой теме. Так, одним из них в моих академических играх был Ю.Б. Харитон. Мушкетер в моем понимании — это человек, который может пройти туда, на такие уровни, куда ты сам доступа не имеешь, или по каким-либо причинам попасть не можешь. Но если у тебя есть хорошая идея и сценарий, мушкетер ее туда донесет, и с его помощью можно добиться замечательных результатов. Главное, чтобы у мушкетера был хороший сценарий. И, если он настоящий мушкетер, он выполняет его буквально. То есть — во столько-то позвонить туда-то, встретиться с таким-то человеком и сказать ему следующее.

В Академии наук с помощью такого мушкетера можно было сделать очень много общественно-полезных вещей. И мне всегда везло с мушкетерами. У меня часто было много разных интересных идей, и мне нравилось разрабатывать пути их решения. Мне сильно помогали в этом мои навыки шахматиста.

Если же вернуться к сталинским процессам и связанному с ними вопросу становления личности... Начиная с какого-то момента я уже видел и понимал, что все эти процессы — своего рода театр. Чего мне не хватало — это умения и внутренней смелости дать этому надлежащую оценку, осудить. Я не мог, не умел даже для себя четко сформулировать свое отношение к происходящему, хотя к началу войны был уже вполне взрослым, и, как мне казалось, умным человеком. Конечно, думать — естественно для человека. Это могут быть какие-то детские, еще незрелые мысли, но для того, чтобы стать полноценной личностью, важно, даже необходимо, я в этом уверен, чтобы человек встретил своего Учителя, Наставника. Очень мало кто способен сам добраться, додуматься до умения составлять собственную оценку. Каждому необходим Учитель. При этом может быть совершенно неважно, кем этот учитель будет в жизни. Это может быть старший член семьи, товарищ, преподаватель — не имеет значения. Мне самому нужно было для этого встретить Ландау. Именно он дал мне эти первые уроки самосознания. После того, как мы с ним в течение месяца тесно общались и разговаривали о разных вещах, в том числе и о происходящих событиях, у меня буквально открылись глаза. Я научился критически воспринимать и оценивать все, что делалось вокруг меня.

«Не твоего ума дело»

После окончания семилетней школы я хотел поступить в химико-технологический институт, но для этого мне было слишком мало лет. Тогда я решил поступить в институт через рабфак. По тем правилам, проучившись девять месяцев на рабфаке, я мог бы подавать документы в институт. Но для этого я должен был где-то работать. Я пошел работать токарем, но проработал недолго. Подав документы на рабфак, я выяснил, что моего возраста — мне было где-то четырнадцать — не хватает. Раз меня не взяли на рабфак, я решил, что трудовая деятельность в качестве токаря мне тоже не очень нужна. Как раз тогда же, в 1933 г., в Днепропетровске открылась десятилетка, которых до этого не было, и я пошел учиться туда.

В этой школе был учитель физики, который отличался тем... Вообще он многим отличался. Прозвище у него было Топтатель. Когда он подходил к классу, его шаги были слышны издалека, особенно если он, что бывало частенько, на урок опаздывал. Мы в те годы увлекались книжками Перельмана, занимательными задачами, и иногда задавали ему вопросы из этих книжек. Решений он, скорее всего, не знал, но нимало этим фактом не смущался, потому что на такие вопросы у него всегда был универсальный ответ: «Не твоего ума дело». Это вообще очень хороший ответ, и я всем рекомендую взять его на вооружение. Но, тем не менее, очень может быть, что именно эта фраза разбудила во мне интерес к физике.

Еще из школьных воспоминаний. Это был 1933-й год. У нас в десятилетке идет урок химии. Вдруг открывается дверь, и другая учительница кричит нашей: «Фаня Абрамовна, картошку дают!» Та быстро собирает свои книжки и убегает. Урок на этом кончается.

Учеба в школе давалась мне очень легко. Ближе к окончанию десятилетки выяснилось, что ученики, окончившие школу на отлично, могут поступать в институт без экзаменов. И тут у меня образовалась проблема. Так как я учился в украинской школе, у меня было не очень хорошо с русским языком. Но я за полгода, с помощью учебника русских диктантов, выучил все правила так, как учат точные науки, написал все диктанты и получил нужную мне пятерку по русскому языку. И это обеспечило мне свободное, без экзамена, поступление в университет.

Большее влияние на меня оказала все же не школьная, а другая среда. Я ходил в дом пионеров, играл в шашки. Скоро я стал чемпионом области по шашкам. А чемпионом области по шахматам в то время стал будущий известный гроссмейстер Исаак Болеславский. Мы с ним возглавляли школьную команду по шашкам и шахматам, ездили на турниры и однажды даже участвовали во Всесоюзном школьном турнире в Москве. Это был 1935 год. Наша днепропетровская команда заняла там довольно высокое место. Я потом играл и во взрослых турнирах, а пик моей карьеры — участие в 1939 г. в турнире мастеров в городе Иванове. Это было первенство общества «Спартак». Там я встретился с великим русским шашистом Владимиром Соковым. Ему я, конечно, проиграл, но эта партия вошла потом во все учебники по русским шашкам. Гроссмейстер Соков погиб в начале войны под Ленинградом.

Еще одно сильное впечатление детства, которое повлияло на мой выбор профессии. Там же, в доме пионеров, где я околачивался, играя в шашки, как-то проводилась встреча с профессором химико-технологического института. Я учился тогда в седьмом классе и помню, что этот профессор с высокоинтеллектуальным лицом, так не похожий на моих школьных учителей, произвел на меня глубочайшее впечатление своей личностью. Я до того таких людей не видел. В том кругу, где я жил, не было особенно образованных людей. Он так поразил мое воображение, рассказывая о достижениях науки в области химии, что я тогда решил — я тоже буду профессором, как он.

Очень важную роль в моем воспитании сыграли математические олимпиады. Это началось в тридцатых годах, когда я учился в восьмом классе. Я успешно выступал на областных олимпиадах, занимал первые места, в десятом был чемпионом области. Так у меня возникли какие-то контакты с университетскими профессорами математики, которые курировали эти олимпиады. Надо сказать, что успехи детей в то время были основным предметом гордости родителей. Я помню, что о моих олимпиадных успехах писала местная газета «Заря», а город был небольшой, и меня все знали и завидовали моей маме. Мама очень гордилась.

Как мы жили. Мы жили на одной из главных улиц города, улице Ленина. Она шла в гору от самой главной, улицы Карла Маркса. У нас был одноэтажный дом, состоящий из двух флигелей — основного и другого, поменьше. Они были связаны неким подобием арки, на которой было написано: «От постоя свободен». В этом доме до революции жил генерал Сильчевский, которого я, естественно, никогда не видел. Дом был разделен на коммуналки, и нам досталась, по-видимому, гостиная, большая комната с тремя окнами на улицу. В этой комнате до войны мы и жили — отец, мать, я и моя сестра Ревекка. Надо сказать, что теснота не представляла для нас тогда какой-то особенной проблемы или неудобства. Каждый занимался в своем углу, работал или учился. Я помню только, что мама не очень любила топить печь, поэтому зимой я сидел и готовился к занятиям в тулупе и валенках.

Мать звали Тауба Давыдовна, знакомые звали ее Татьяна. Отец — Меир Исаакович. Родственников матери я знал, до войны они жили тут же, в Днепропетровске, а родственники отца жили где-то на киевщине, я их никогда не видел. Мама была из пролетарской семьи, у нее было два брата, Лева и Петя, оба очень высокие. Дядя Лева работал на заводе имени того же Петровского мастером доменного цеха. В начале войны их эвакуировали на Урал, и потом дядя Лева стал большим начальником на «Азовстали». А дядя Петя, который тоже работал на металлургическом заводе, погиб в начале войны недалеко от Днепропетровска.

Еще у моей мамы была сестра Соня. Она, по-видимому, несколько нарушала традиции еврейских семей, вращалась в кругу русских молодых людей и вышла замуж за русского. Может быть, впрочем, он был и украинец, но тогда говорили — «русский», что было одно и то же. Она сама была светлой блондинкой, не похожей на еврейку. У них было двое детей, и когда муж ушел в армию, она осталась в городе. Она была, казалось бы, полностью ассимилирована — русский муж, русские, светловолосые дети — и, очевидно, рассчитывала уцелеть. Но, когда Днепропетровск заняли немцы, соседи выдали ее, и она погибла.

Университет

Окончив школу, я получил аттестат «з видзнакою», то есть с отличием, и поступил на физическое отделение университета. Тут у меня, конечно, был вопрос — я был уже связан с математикой, но, подумав, поступил все-таки на физическое отделение. Это был 1936 год. В это время в Днепропетровске был организован филиал Ленинградского физтеха. А.Ф. Иоффе как раз в то время организовывал эти филиалы — Харьковский, Днепропетровский, Уральский. В университет приехала большая группа ленинградских профессоров. Среди них были Б.Н. Финкельштейн, приятель Ландау, Г.В. Курдюмов, который организовал потом в Москве Институт физики твердого тела, В.И. Данилов — все первоклассные физики Ленинградского ФТИ, ученики А.Ф. Иоффе. Все они преподавали в Днепропетровском университете. Б.Н. Финкельштейн стал потом моим научным руководителем. В этом смысле мне очень повезло.

Кроме того, на физическом факультете уже вовсю ходили рассказы о Ландау, который преподавал тогда в Харькове. Это совсем недалеко от Днепропетровска, всего каких-то сто восемьдесят километров. И хотя учебников Ландау–Лифшица тогда еще не было, рукописи его лекций циркулировали среди студентов, и мы изучали теорфизику по конспектам лекций Ландау. Их красота произвела на меня глубокое впечатление, и я очень быстро решил, что буду физиком-теоретиком.

Я стал ходить на семинары Финкельштейна. Но свою первую любовь, математику, я тоже не забывал. Теорию функций комплексного переменного у нас тогда читал С.М. Никольский. Сейчас он уже академик, и недавно отмечалось его столетие. Каждый раз, когда мы встречаемся, он говорит, что я самый выдающийся из его студентов. Встреча получается очень теплой.

Математическая наука в университете тоже была очень сильной. В этом большая заслуга Сергея Михайловича. У него были тесные контакты с московскими светилами математики — А.Н. Колмогоровым, П.С. Александровым, В.Ф. Каганом. Они регулярно приезжали к нам с лекциями, и в университете была атмосфера высокой математики.

Надо сказать, в те, довоенные, годы на Украине не было никакого национализма, по крайней мере, лично я его никак не замечал. В доме, где мы жили, во дворе, в этой большой коммуналке, жили украинцы, русские, евреи, и никогда не было никаких распрей на национальной почве. Во время учебы в Университете я также никогда не замечал каких-то проявлений национализма. Я сам говорил тогда по-русски с акцентом, потому что по-украински мне было привычнее, но никогда никаких сложностей по этому поводу у меня не возникало. Еще пример. У меня был близкий товарищ, Александр Филиппович Тиман. Я очень долго был уверен, что он — русский. По крайней мере, на это указывало его имя. И только значительно позже я узнал, что он не только был евреем, но даже закончил хедер, то есть еврейскую начальную школу. Просто о национальности человека в то время как-то никто не задумывался.

В связи с этим я вспоминаю такую историю, имевшую место, правда, несколько позже. У Ландау, как известно, было много учеников, и подавляющее большинство из них было евреями. В то время вообще большинство физиков-теоретиков почему-то были евреями, и Капица по этому поводу подшучивал над Ландау, и даже как-то пообещал ему выдать премию за первого аспиранта-нееврея. Когда я приехал из Днепропетровска, чтобы сдать теорминимум, Ландау, глядя на меня и на мою фамилию, решил, что я как раз тот самый случай. Впрямую о национальности он меня не расспрашивал, а поскольку я был блондином, то и выглядел подходяще. Тем более фамилия — Халатников — звучала вполне по-русски. И он радостно сообщил Капице, что у него наконец появился русский аспирант. Потом я слышал уже от самого Капицы, что он действительно выдал Ландау обещанную премию. Капица даже рассказывал, что хотел потом забрать ее назад как незаслуженную. Вот только не знаю, осуществил он этот свой план или нет.

Первый же раз я столкнулся с каким-то явным проявлением национального вопроса только в армии, в 1944 г. Мы по какому-то поводу не поладили с парторгом нашего полка, где я был тогда начальником штаба. И тогда я от него впервые услышал эту фразу: «Скоро мы и с вашей нацией разберемся».

Я думаю, именно тогда, в 1944 г., Сталин начал задумываться о еврейском вопросе и его решении, то есть о введении каких-то ограничений для представителей этого народа. Тогда же ходила какая-то неофициальная информация о том, что в Крыму хотят организовать Еврейскую республику. Судя по всему, Сталин даже успел пообещать союзникам такую республику, но потом отказался от этой идеи. Жертвой этого решения, в частности, стал актер С. Михоэлс, который создал тогда Антифашистский комитет и вообще вел активную деятельность, направленную, в частности, на создание еврейской республики. Сталин же, естественно, не мог взять назад свои слова. Проще было убрать Михоэлса.

Возвращаясь же к идее национализма и антисемитизма, я только хочу еще раз подчеркнуть, что он начал насаждаться в сознание масс именно сверху, и началось это только после войны. До этого никакого еврейского, и вообще национального вопроса на Украине, как мне кажется, не было.

Учился я довольно легко, и уже со второго курса получил именную стипендию какого-то съезда комсомола, а в 1939 г., в честь юбилея Сталина, были учреждены сталинские стипендии, и я был в числе первых таких стипендиатов. Это были довольно большие по тем временам деньги, так что я мог без всякого труда покупать много шоколада и угощать девушек.

Будучи студентом-отличником, я как-то получил в Университете путевку в дом отдыха под Киевом, Ворзель, такое хорошее дачное место. И в этом доме отдыха я познакомился со студенткой МГУ. Она жила в Москве, но наше знакомство продолжилось, я навещал Валю во время своих приездов в Москву в сороковом и сорок первом году, когда приезжал сдавать экзамены теорминимума. Когда началась война, Валя с матерью уехала в эвакуацию в Куйбышев, работала там на авиационном заводе. Она вернулась оттуда в 1942 г. Я тогда уже служил в штабе зенитного полка, который стоял на Калужском шоссе. Валя навещала меня там, а в 1943 г. мы поженились. В 1944 родилась наша старшая дочь Лена.

Интересно, что эта Калужская дорога странным образом проходит через всю мою жизнь. Я служил там во время войны, на ней стоял и стоит Институт физпроблем, в котором я потом работал. В жизни вообще бывает довольно много таких вот странных совпадений.

Дипломную работу я должен был делать у Б.Н. Финкельштейна, но Борис Николаевич, который был другом Ландау, порекомендовал мне поехать в Москву и сдать так называемый Ландау-минимум, чтобы продолжить учебу у самого Ландау. Я по конспектам, потому что учебников тогда не было, выучил материал и подготовился к восьми экзаменам. Из них два были по математике, математика-1 и математика-2. В сентябре 1940 г. я приехал к Ландау в Москву с письмом от Финкельштейна. Вдвоем с еще одним моим товарищем мы пришли к Ландау. Он тут же меня проэкзаменовал — прямо на доске дал мне интеграл, который нужно было привести к стандартному виду. Я его тут же на доске взял. Это, должно быть, произвело на Ландау какое-то впечатление, потому что больше он не стал у меня ничего спрашивать, а только сказал: «Продолжайте сдавать». Таким образом, первая математика была сдана.

Все в том же сентябре 1940 г. я сдал еще три экзамена. Потом я приезжал к Ландау второй раз, это было уже в феврале сорок первого года, и сдал еще четыре экзамена. Ландау порекомендовал мне поступать в аспирантуру, и тут же дал мне письмо. Оно начиналось словами: «Товарищу Халатникову...» Это было письменное приглашение в аспирантуру, и я имел в виду этой же осенью поехать в Москву учиться к Ландау. Но — было не суждено. Последний выпускной спецэкзамен по теорфизике в Днепропетровском университете я сдал в субботу, в июне. Помню, мы сидели с моим доцентом на лавочке на бульваре проспекта Карла Маркса, и я сдавал ему этот экзамен. Это было двадцать первого июня 1941 г.

А утром по черному радиорупору, которые, совершенно одинаковые, висели у всех на кухне, я услышал, что началась война.

ВОЙНА

Армейские университеты

Я был освобожден в университете от курсов военной подготовки, поэтому у меня не было никаких воинских званий. У нас в университете готовили летчиков, но я для этого не подошел из-за своего довольно хилого сложения.

Вскоре после начала войны я получил из военкомата повестку. В принципе с письмом Ландау я мог бы, наверное, уехать в Москву, но тогда это было как-то... неприлично. Дело даже не в патриотизме, а, наверное, в той примитивной приверженности дисциплине, которая отличала то время в целом, и к которой мы все были приучены. Законопослушность и дисциплина. Если бы я, несмотря ни на что, все же поехал бы к Ландау, это не было бы ни дезертирством, ни обманом, но тогда мне это даже в голову не пришло. Я явился в военкомат, вместе со всеми своими товарищами, которые, естественно, были туда вызваны тоже.

Днепропетровск начали бомбить с первых же дней войны. В городе была дикая паника. Все боялись парашютистов-десантников, которых немцы вроде как сбрасывали с самолетов. Все ловили шпионов. Хватали, естественно, всех подряд, особенно если кто-то был как-то нестандартно одет.

Конечно, это был массовый психоз. Все время распространялись слухи, что диверсанты то тут, то там, то на этом берегу Днепра, то на другом. Когда народ находится в таком напуганно-возбужденном состоянии, любые, даже самые невероятные слухи, ложатся на благодатную почву. Из тех дней запомнился такой эпизод. В Днепропетровске в то время гастролировал Малый театр. И один из артистов, довольно тогда известный, Рыжов, носил бакенбарды. И вот, на главной улице города, проспекте Карла Маркса, толпа людей, стоявших до этого в очереди за эмалированными кастрюлями, побежала за ним и начала бить его этими кастрюлями, приняв за диверсанта. Потому что у кого же еще могли в то время быть бакенбарды?

Военкомат всех нас, окончивших физический факультет, отправил в Москву, для обучения в академии им. Дзержинского. Вскоре после моего отъезда эвакуировалась и моя семья. Родители с сестрой уехали в Ташкент.

А я попал в Москву, в академию Дзержинского. Там мне предстояло учиться на артиллерийского военгехника. Но я случайно встретил там своего школьного товарища. Он окончил Московский энергетический институт, и он сказал мне:

— У тебя сейчас будет собеседование с комбригом Березиным, который задает всем один и тот же вопрос: «Знаете ли вы, что такое "сильсин"?»

Сильсин — это слаботочный электрический прибор, который используется для наведения пушек на цель, такой небольшой электрический моторчик. Я тогда не знал, что это, но когда комбриг Березин задал мне свой вопрос, сказал, что знаю. И таким образом я попал в шестой дивизион. В этот дивизион были зачислены в основном физики, окончившие разные университеты, и только один человек был из мелитопольского пединститута. Про него еще долго думали, можно ли его брать. Но потом он даже стал у нас старшиной, и мне от него изрядно доставалось.

Через несколько дней появилась группа общевойсковых полковников. Построили наш шестой дивизион — у нас даже еще не было гимнастерок, брюки и сапоги нам успели выдать, а гимнастерки нет. Нас построили и сказали:

— С этого момента вы — слушатели курса «А» Высшей Военной Школы ПВО.

И повели пешком через всю Москву, по набережной, в академию Фрунзе. Это была общевойсковая Академия номер один.

Таким образом, я, благодаря своей «небольшой хитрости», не остался в академии Дзержинского, и не стал артиллерийским техником, а попал в общевойсковую академию. В этой академии был так называемый Второй факультет, или факультет ПВО, и нас всех на него зачислили.

Жили мы прямо напротив академии, в общежитии на Кропоткинской, через сквер. Этот дом до сих пор там стоит. Нам сразу же вручили винтовки. Преподавателями нашими были общевойсковые офицеры, а многие из них были офицерами генштаба еще царской армии. Это были люди очень интеллигентные. В этом смысле мне очень повезло. Они понимали, что из нас, людей сугубо гражданских, нужно за очень короткое время сделать строевых офицеров. Мы должны были много часов подряд маршировать с винтовкой наперевес.

Для меня это время было очень трудным физически. Стояло лето 1941 г., июль месяц. И весь этот июль я целыми днями маршировал с винтовкой в сквере напротив академии Фрунзе. А ночами сбрасывал немецкие «зажигалки» с крыши академии Фрунзе, потому что Москву каждую ночь бомбили.

Но надо сказать, учили нас очень интересные люди. Многие из преподавателей академии даже назывались еще комбригами, потому что еще не были произведены в генерал-майоры. Среди них был генерал-майор Богдан Колчигин, который прославился во время войны — он преподавал у нас тактику, а на войне был начальником штаба разных фронтов.

Нас учили тактике так, чтобы мы в случае необходимости могли принимать решения на уровне командира дивизии. Учения, тактические игры происходили по картам Подмосковья.

Вскоре наш Второй факультет переименовали в Высшую Военную Школу ПВО и перевели на Красноказарменную, 14. Там мы проучились до 14 октября.

14 октября, когда Москву эвакуировали и было неясно, будет она сдана врагу или нет, решался среди прочих вопрос о том, что делать с нашей школой. Будут ли ее бросать на защиту Москвы или вывозить. Наш начальник ВВШ ПВО генерал-майор Кобленц уехал с утра в Генштаб за распоряжениями о судьбе школы. К вечеру он вернулся и объявил, что школа эвакуируется в Пензу.

В Пензе я проучился до апреля 1942 г. Наши преподаватели во внеучебное время вели с нами откровенные, дружеские разговоры, они понимали, что мы такие же люди, с высшим образованием. По вечерам мы часто сидели вместе и разговаривали совершенно на равных. При этом с нами, простыми курсантами, мог сидеть и полковник, и генерал. Они обсуждали с нами любые вопросы — от военных до обычных житейских. Это было необычно, особенно для армии, для военной школы. И я хочу заметить, у нас тогда не было никакой дедовщины. При таком отношении старших с младшим по званию ее просто не могло быть. Мне кажется, если бы в нашей сегодняшней армии офицеры общались с солдатами не только посредством приказов, но и просто по-человечески, то это сильно способствовало бы ее укреплению.

К апрелю мы закончили курс наук. Нас готовили как офицеров, командиров зенитных батарей, чтобы мы могли командовать подразделением такого масштаба. И уже где-то в феврале-марте многие из нас поняли, что науку, необходимую для командования взводом, мы выучили, и стали проситься на фронт. Среди них был и я. Я написал заявление, в котором просил отправить меня на фронт. Но в это время создавалось второе, наружное кольцо ПВО Москвы. Первое было создано раньше. И произошло то, что обычно происходит в армии — человека никогда не посылают туда, куда он просится. Поэтому тех, кто просил отправки на фронт, послали на формирование этого второго кольца, а тех, кто не просил, отправили в Сталинград, где как раз разворачивалась Сталинградская битва. Многие из них оттуда не вернулись.

А я попал в Москву — только потому, что просился на фронт. Мне сразу доверили больше, чем взвод — я был назначен заместителем командира зенитной батареи. Тогда еще на каждой батарее были командир и комиссар. Наша батарея стояла недалеко от штаба 57-й зенитной дивизии, которая в это время там разворачивалась.

Командир и комиссар батареи были кадровыми военными, получившими военное образование еще в мирное время. Первое, что я выучил, что на батарее нужно уметь очень крепко ругаться матом, иначе ничего добиться было невозможно. Мат на батарее стоял невероятный. Пили, конечно, тоже страшно. Спустя какое-то время мои начальники поняли, что я человек надежный. Поэтому они оставляли меня на ночь дежурить на батарее, а сами уходили гулять к местным учительницам. Батарея находилась на Калужской дороге, рядом был поселок Валуево и другие подмосковные поселки.

Командир батареи Гришин был хотя и довольно молодым, но очень жестким по моим представлениям человеком. Однажды произошел такой случай. Один из солдат, который должен был охранять каптерку, то есть склад продовольствия на батарее, ночью залез на этот склад и наелся там концентратов. После чего целый день валялся больным. А вечером командир батареи созвал личный состав, построил всю батарею и объявил приговор — расстрел, за то, что он съел продукты со склада. После чего была произведена имитация этого расстрела. Приговоренный встал на колени, плакал, просил пощады, и его все-таки потом «пожалели» и не расстреляли. Эта история стала известной где-то в штабе, и Гришин был отправлен в штрафной батальон. Потом я слышал, что он прошел штрафбат, вернулся и был неплохим командиром. Правда, жестким.

Все это я считаю своими армейскими университетами.

Начальник штаба

Дальше происходило формирование Пятого полка моей дивизии, и меня после стажировки в штабе дивизии назначили заместителем начальника штаба этого Пятого полка. Полк состоял из нескольких батарей. В этих батареях служили многие мои товарищи по академии, но они были, как правило, командирами взводов. Так что уже на первых этапах своей армейской карьеры я был на несколько шагов впереди. Я думаю, что тут сыграла свою роль моя организованность и четкость, начальство видело, что мне можно доверять.

Вскоре начальник штаба этого полка был откомандирован в другую часть, и я стал начальником штаба. И в этой должности я служил с 1943 г. до конца войны.

Штаб полка находился в деревне Лаптево. Это недалеко от Архангельского и Вознесенского. Там тогда были правительственные дачи, а мы стояли на другой стороне реки. Штаб полка располагался в землянках, большие такие землянки с подземными коридорами. Там был командный пункт, и у меня прямо там была небольшая комната.

Напротив деревни Лаптево были правительственные дачи Калинина и Булганина. В связи с этим я вспоминаю одно забавное совпадение. Уполномоченным СМЕРШа в нашем полку был майор П. Дроняев, который до этого работал у Булганина в личной охране. Кстати, потом он стал парторгом Аэрофлота и помогал нашему Институту в приобретении авиабилетов за границу.

Стреляли ли мы? В 1942 г. немцы пытались бомбить наши промышленные центры. Теперь-то мы знаем, что у немцев тогда не было дальней авиации, это ошибка Вермахта. В начале войны они считали, что авиация им понадобится только против войск, а потом были уже не в состоянии ее создать. И поэтому они могли бомбить только наиболее близлежащие к фронту промышленные города европейской зоны России, такие, как Ярославль, Нижний Новгород. Кроме того, немцы, по-видимому, знали, что вокруг Москвы создано два мощных кольца ПВО. Поэтому, когда они совершали свои налеты на Ярославль и Горький, они старательно облетали нашу зону. Но, поскольку наш полк был все-таки в наружном кольце, мы иногда встречали эти самолеты и стреляли по ним. Но они зацепляли нашу зону только краем, поэтому я не могу ни похвастаться, ни рассказать, как я сбивал вражеские самолеты.

Мы стреляли, отгоняли их от Москвы, но ни одного самолета я в своей жизни так и не сбил.

Что представлял собой наш полк? Был командир полка, был начальник штаба полка, и штатное расписание в принципе предполагало еще заместителя командира полка, но у нас никогда его не было. По уставу эти трое — командир, заместитель и начштаба — должны были круглосуточно по очереди дежурить на командном пункте, потому что готовность батареи должна была поддерживаться постоянно. Но нас, как я уже сказал, было только двое. Поэтому мы дежурили сутками поочередно, то есть я не спал каждую вторую ночь, а если и удавалось прилечь, то, естественно, не раздеваясь, с пистолетом и телефонной трубкой под подушкой. И с тех пор у меня появились проблемы со сном — вот уже много лет я не могу засыпать без снотворного. Возможно, это следствие вот этих бессонных ночей с пистолетом под подушкой.

Я вспоминаю, как управлялся наш полк в условиях, когда все-таки надо было стрелять. Мой командир полка довольно быстро усвоил, что я, как бывший шашист и человек с высшим образованием, соображаю довольно быстро, поэтому он выучил всего одну уставную команду, которую и применял практически в любой ситуации. Команда была такая: «Начальник штаба, принимайте решение!» Армейский устав предусматривает передачу по этой команде управления войсками от командира начальнику штаба. И он ею очень успешно пользовался. Так что, если кому-то нужно принимать решения, я могу поделиться патентом и подсказать правильные слова, предусмотренные армейским уставом. Это очень хорошая команда — передать кому-то принятие решения.

В 1943 г. после взятия Орла и Белгорода Сталин решил производить артиллерийские салюты по поводу этих событий. Со всех полков собирали по батарее, и во главе этих батарей я был отправлен от нашего полка командовать первым салютом. Мы расположились на стадионе Госзнака в палатках и готовились произвести первый салют. Но произошла задержка. Белгород взяли, а Орел был взят только через две недели. И ровно две недели мы находились на этом стадионе в ожидании взятия Орла. И когда он наконец стал нашим, состоялся этот первый салют.

В дальнейшем наши батареи регулярно участвовали во всех салютах, правда, я уже с ними не выезжал. Но все-таки имел к салютам самое непосредственное отношение.

Наш полк находился недалеко от Москвы, всего на расстоянии тридцати-сорока километров. К тому же Институт физических проблем, где работал Ландау, и где я собирался продолжать свою научную деятельность под его руководством, находился на том же самом Калужском шоссе. Я заезжал туда время от времени, но все равно полноценно заниматься наукой на батарее было проблематично. Так как я был рекомендован в аспирантуру, то в 1944 г. П.Л. Капица через вице-президента Академии наук академика А.И. Байкова добился зачисления меня в аспирантуру к доктору физико-математических наук Л.Д. Ландау. Ему было тогда тридцать шесть лет, и за спиной у него был арест. Добиться моего зачисления П.Л. было непросто.

Итак, было такое официальное распоряжение по Академии наук, очень серьезный документ. Капица написал об этом письмо в Генштаб, но ответа не получил. А дальше события развивались следующим образом. В начале 1945 г. моего командира полка отправили учиться в академию. Я принял у него полк и до сентября оставался командиром полка. Но Капица никогда не сдавался и не проигрывал. Он не любил, когда ему отказывали и не успокоился, не получив ответа из Генштаба. Летом 1945 г. праздновалось 220-летие Академии наук. Это было уже после бомбардировки Японии и после испытаний американской ядерной бомбы. Капица сидел в президиуме рядом с маршалом Вороновым, командующим артиллерийскими войсками. Капица его поддразнивал тем, что теперь, после создания атомной бомбы, артиллерия больше не будет богом войны. И среди прочего назвал меня, как человека, который физике нужнее, чем артиллерии. И вскоре появился приказ маршала Воронова о моей демобилизации. Собственно, раньше меня не отпускали потому, что моя должность уже считалась довольно высокой, и людей с таких должностей в военное время не отпускали. Но теперь, после приказа Воронова, меня освободили.

Так что в начале сентября, как раз в тот день, который был объявлен днем победы над Японией, я демобилизовался с военной службы и начал работать в Институте физических проблем в качестве аспиранта Льва Давидовича Ландау.

Но мои отношения с армией на этом еще не закончились. С ней была связана еще одна смешная история. Уже летом 1946 г. я вдруг получил повестку, вызов к начальнику артиллерии

ПВО, генерал-лейтенанту Лавриновичу, в Уланский переулок, где тогда находился штаб ПВО. Я явился туда, уже, естественно, в штатском, в летней рубашке. Лавринович принял меня, и по его лицу было видно, что он шокирован. Какой-то капитан смеет являться по его вызову в штатском! Да еще в летнем!

А вызвал он меня вот по какому поводу. Во время службы я как-то пытался придумать что-нибудь полезное для того места, где служил, что-то усовершенствовать. В зенитной артиллерии иногда ведется прицельный огонь, а иногда — заградительный. Это когда конкретной цели нет или ее не видно. Тогда просто выстраивается заградительная огневая «стенка» в определенной зоне. Для проведения и расчета этой заградительной стрельбы командиры батарей, получив данные, вынуждены были пользоваться толстыми тетрадями вычислительных таблиц, и после сложных расчетов на пушку поступала команда, как поднимать ствол, куда его поворачивать и так далее, чтобы обстрелять нужный квадрат. А я придумал, как стрелять заградительным огнем с помощью данных, поступающих с ПУАЗО, прибора управления артиллерийским зенитным огнем. У нас тогда уже были такие приборы, которые были для того времени довольно сложной электроникой. В нашем полку был канадский прибор. У них были антенны, локаторы, они ловили цель, обрабатывали данные и выдавали координаты для пушек, даже передавали их электронным путем прямо на орудие. Моя несложная идея была в том, чтобы использовать данные с ПУАЗО при отсутствии цели. Для ее выполнения эти данные нужно было немного сдвигать, там использовалась некая сложная шкала, линейка, но это уже несущественно. Главное — не нужно было никаких сложных расчетов, каждое орудие могло поворачиваться и наводиться само.

Лавринович вызвал меня как раз в связи с этим изобретением. Но, будучи удивлен моим внешним видом, спросил меня: «Почему в таком виде?» И, получив ответ, что я демобилизован, удивился еще больше. Так эта история для меня и закончилась. Может быть, это мое изобретение используется где-то в войсках даже и сейчас, но я об этом ничего не знаю. А тогда я продолжил свою работу в Институте физических проблем.

СПЕЦПРОБЛЕМА В ИНСТИТУТЕ ФИЗПРОБЛЕМ

Атомная бомба в ИФП

Неизвестно, сумел ли бы я вернуться в физику, не прогреми американские атомные взрывы. Советским руководителям было ясно, кому адресован гром, и только поэтому Капице удалось объяснить армейскому начальству, что физики стали важнее артиллеристов.

Итак, демобилизовавшись, в сентябре 1945-го я начал работать в Институте физических проблем и занялся физикой низких температур. До следующего лета никаких разговоров об атомном проекте до меня не доходило. Первый год в ИФП ушел на восстановление, так сказать, «спортивной» формы, на ознакомление с лабораториями и налаживание контактов, в первую очередь с В.П. Пешковым и Э.Л. Андроникашвили, которые активно работали в области изучения сверхтекучести гелия. В то время я не был близко знаком с П.Л. Капицей, но интерес к сверхтекучести стал, по-видимому, тем мостиком, который уже тогда связывал нас.

В августе 1945 г., как теперь стало известно, был сформирован Спецкомитет под председательством Берии для создания атомной бомбы в СССР. В комитет вошли, в частности, Капица и Курчатов. Однако вскоре Капица испортил отношения со всемогущим председателем комитета. Это непростая история. Капица в 1945 г. пожаловался Сталину на то, что Берия руководит работой комитета «как дирижер, который не знает партитуры». И попросил освободить его от членства в этом комитете. По существу, он был прав — Берия не разбирался в физике. Но сейчас ясно, что и Капица раздражал Берию, говоря: «Зачем нам идти по пути американского проекта, повторять то, что делали они?! Нам нужно найти собственный путь, более короткий». Это вполне естественно для Капицы: он всегда работал оригинально, и повторять работу, сделанную другими, ему было совершенно неинтересно.

Но Капица не все знал. У Лаврентия Павловича в кармане лежал чертеж бомбы — точный чертеж, где были указаны все размеры и материалы. С этими данными, полученными еще до испытания американской бомбы, по-настоящему ознакомили только Курчатова. Источник информации был столь законспирирован, что любая утечка считалась недопустимой.

Так что Берия знал о бомбе в 1945 г. больше Капицы. Партитура у него на самом деле была, но он не мог ее прочесть. И не мог сказать Капице: «У меня в кармане чертеж. И не уводите нас в сторону!» Конечно, Капица был прав, но и Берия по-своему тоже был прав.

Сотрудничество Капицы с Берией стало невозможным. К этому огню добавлялся еще и кислород. Капица изобрел необыкновенно эффективный метод получения жидкого кислорода, но с воплощением новаторских научных идей у нас в стране всегда было непросто. Этим воспользовались недруги, обвинившие его во вредительстве. Над Капицей нависли серьезные угрозы. И он написал письмо Сталину с расчетом, что его отпустят из Кислородного комитета, из Спецкомитета по атомным делам, а институт ему оставят. Написав жалобу на Берию, он, конечно, сыграл азартно, но в каком-то смысле спас себе жизнь — Сталин не дал его уничтожить, скомандовав Берии: «Делай с ним, что хочешь, но жизнь сохрани». Осенью 1946 г. Капицу сместили со всех постов, забрали институт и отправили в подмосковную ссылку — как бы под домашний арест. Всех закулисных подробностей этой драматической истории не знал, наверное, никто ни в то время, ни даже сейчас, но что-то я попытался со временем для себя восстановить.

Начало атомной эры в Институте физпроблем я запомнил очень хорошо. Как-то в июле или августе я увидел, что Капица сидит на скамеечке в саду института с каким-то генералом. Сидели они очень долго. У Капицы было озабоченное лицо. Эта картина запомнилась мне на всю жизнь: Капица, сидящий с генералом в садике института.

Вскоре П.Л. был освобожден от обязанностей директора ИФП, а беседовавший с ним генерал воцарился в институте в качестве уполномоченного Совета Министров. Это был генерал-лейтенант А.Н. Бабкин, подчинявшийся непосредственно Л.П. Берии. Был у него секретарь — старший лейтенант Смирнов. Вскоре появился и новый директор — член-корреспондент АН СССР А.П. Александров. С собой он привез две лаборатории — магнитную и электроускорительную с генератором Ван-де-Граафа. П.Л. переехал на свою дачу на Николиной Горе, А.П. водворился со своей семьей в его коттедж на территории института. Других деликатных ситуаций в связи с переменой руководства, пожалуй, не возникало. Анатолий Петрович был очень доброжелательный человек и сохранил атмосферу, созданную в институте Капицей.

Хотя присутствия генерал-лейтенанта Бабкина ни я, ни, по-видимому, другие непосредственно не ощущали, тень его витала. Он не отсиживался в кабинете, участвовал во всех собраниях и даже состоял на партийном учете в институте. Однако можно определенно утверждать, что генерал Бабкин участвовал не только в собраниях. В роли наместника Берии он контролировал фактически всю деятельность института. Причем не только нашего, но и соседнего Института химической физики, и Лаборатории № 2, как тогда назывался институт им. Курчатова. Занимался Бабкин, естественно, и «подбором научных кадров». Подбор кадров, как известно,— одна из важнейших задач «компетентных» органов. Сколь компетентным же оказался генерал Бабкин, видно из следующей истории.

В 1951 г. молодой блестящий аспирант Ландау Алексей Абрикосов заканчивал работу над кандидатской диссертацией. Ландау хотел оставить его в своем отделе в ИФП. Он переговорил об этом с Александровым, который пообещал подумать. Думал он довольно долго и наконец сообщил Ландау, что оставить Абрикосова в институте не может, так как против этого возражает генерал Бабкин. В ответ на замечание Ландау, что вроде бы у Абрикосова никаких дефектов в анкете нет, а отец его — известный русский академик, патологоанатом А.И. Абрикосов, А.П. сказал, что дефекты все-таки есть. Оказывается, Бабкин, изучая анкету Абрикосова, обнаружил два существенных изъяна. Во-первых, мать Абрикосова зовут Фаня Давыдовна, а во-вторых, из совпадения ее отчества с отчеством Ландау следует, что аспирант Абрикосов приходится племянником Ландау. Александров заверил Ландау, что он сделал все возможное, но преодолеть сопротивление Бабкина не смог. Ситуация выглядела безнадежной, и Ландау рекомендовал Абрикосову подыскать другое место. Абрикосов стал устраиваться на работу в Институт физики Земли.

Вскоре, однако, произошло событие, которое круто изменило судьбу молодого физика. Не было бы, как говорится, счастья, да несчастье помогло. 14 января 1952 г. в СССР прибыл маршал Чойбалсан в сопровождении своего заместителя Шарапа, супруги Гунтегмы и так далее. Маршал был очень болен и спустя две недели после приезда скончался. В газетах появилось сообщение о смерти маршала Чойбалсана, вождя монгольского народа. Как тогда было принято, в «Правде» опубликовали во всю первую полосу некролог, а также медицинское заключение и протокол о вскрытии тела покойного. Протокол был подписан авторитетными именами, и где-то в самом конце среди прочих значилось имя Ф.Д. Абрикосовой, которая до «дела врачей» работала патологоанатомом в Кремлевской больнице. Мать Абрикосова допустили к исследованию трупа Чойбалсана! Это произвело на генерала Бабкина столь сильное впечатление, что он на следующий же день снял все свои возражения и дал согласие оставить А.А. Абрикосова в отделе Ландау. Так смерть маршала Чойбалсана и публикация некролога в газете определила, по существу, всю судьбу будущего академика...

С приходом А.П. Александрова Институт физпроблем был переориентирован на тематику, связанную с созданием атомного оружия. Следует, однако, сказать к чести А.П., что при этом исследования по сверхтекучести и сверхпроводимости не сворачивались. Больше того, в течение восьми лет, когда А.П. был директором, ИФП продолжал, как и при П.Л. Капице, занимать лидирующее положение в физике низких температур. Хороший, по-моему, пример, для современного руководства — как можно разумно, оказывается, проводить конверсию.

Уход Капицы из Спецкомитета. Последняя версия

Попробую теперь изложить мою версию того серьезнейшего кризиса в судьбе П.Л. Капицы, который произошел в 1946 г. Начну с нескольких эпизодов из жизни П.Л., которые должны нам помочь.

Известно, что вскоре после того, как П.Л. появился в Кембридже и начал работать у Резерфорда, он стал очень быстро продвигаться, хотя в окружении Резерфорда в это время работала плеяда блестящих физиков, впоследствии нобелевских лауреатов. Ходила даже такая легенда. Одного из бывших сотрудников Резерфорда, это был Руди Пайерлс, спросили: «О Резерфорде говорят только хорошее. Неужели у него не было никаких недостатков?» На что Пайерлс будто бы ответил: «Один недостаток, пожалуй, у него был — он слишком много средств тратил на Капицу».

Дело в том, что П.Л. был не только выдающимся физиком, но с самого начала своего пребывания в Кембридже проявил себя и как выдающийся инженер-изобретатель. Физика в Кавендише до появления П.Л. имела несколько камерный характер, физический эксперимент проводился в традиционном стиле. Капица был тем человеком, который полностью изменил характер физического эксперимента. Не прошло и нескольких лет после приезда в Кембридж, как он начал проектирование гигантских магнитов для получения сверхсильных магнитных полей.

Если проследить жизнь Капицы, то выясняется, что есть одно слово, которым можно охарактеризовать всю его деятельность. И слово это — «сверх»: сверхсильные магнитные поля, сверхтекучесть, электроника сверхвысоких мощностей и т.д. Все это было связано с новым масштабом в физическом эксперименте. Мы уже знаем теперь, как физика развивалась в дальнейшем, когда возникли гигантские ускорители, когда эксперимент в физике принял современный масштаб. Но Капица был, по-видимому, первым физиком, который изменил масштаб эксперимента. Именно это, судя по всему, и произвело на Резерфорда особенно сильное впечатление. Капица начал выделяться из всего окружения Резерфорда, который стал уделять ему больше внимания, чем другим своим сотрудникам.

В начале 30-х годов рядом со старинным зданием Кавендишской лаборатории специально для работ Капицы была построена Мондовская лаборатория. На ее открытии в феврале 1933 г. присутствовал и выступал с большой речью один из самых консервативных политических деятелей Англии, неоднократно возглавлявший правительство этой страны, — Стенли Болдуин. Для меня до сих пор остается загадкой, почему Болдуин, враждебно настроенный к Советскому Союзу, принял участие в официальной церемонии открытия Мондовской лаборатории, директором которой был советский ученый. Правда, в те годы этот политический деятель был вместе с тем и канцлером Кембриджского университета.

Участие Болдуина в церемонии открытия Мондовской лаборатории продемонстрировало вторую особенность Капицы. Он в те годы не только менял масштаб физического эксперимента, но и способствовал — при поддержке и активном участии Резерфорда — утверждению престижа ученого в общественном мнении, показывая в данном случае, что ученый и премьер-министр — люди, так сказать, одного масштаба. И эту линию он проводил потом в течение всей своей жизни.

В начале сентября 1934 г. Петр Леонидович и Анна Алексеевна вместе с А.И. Лейпунским, который работал тогда в Кавендишской лаборатории, на машине, через Скандинавию, приехали в Ленинград. А в конце месяца выяснилось, что выездную визу на возвращение в Англию Капице не дают. П.Л. очень переживал. В конце концов он сумел найти общий язык с советским правительством, которое проявило такую заинтересованность в его работе, что ему были созданы уникальные условия. В течение года для него был построен институт. Сейчас это трудно себе представить, тем более что в его проект Капица внес много нестандартных элементов, необычных для советской архитектуры тех лет, для советского интерьера.

Резерфорд помог Капице получить из Англии научное оборудование. Он добился специального решения Совета Кембриджского университета и правительства Англии о продаже Советскому Союзу, для института Капицы, научного оборудования Мондовской лаборатории. И П.Л. в 1935 г. начал функционировать как директор нового института — Института физических проблем АН СССР.

Его заместителем по административной части в январе 1936 г. стала Ольга Алексеевна Стецкая, которая в истории создания ИФП и его первых лет работы сыграла большую роль. Она, несомненно, была очень полезна П.Л., потому что в прошлом была близким сотрудником Н.К. Крупской, а ее бывший муж заведовал отделом пропаганды ЦК ВКП(б). В коммунистическую партию она вступила в июле 1917 г. и работала в Выборгской районной управе. У Стецкой были огромные связи в партийных и правительственных кругах, что помогало ей в рутинных вопросах, на решение которых П.Л. потратил бы значительно больше времени, чем тратила она. Стецкая разгружала П.Л. от многих повседневных административных забот. Она прожила непростую жизнь и была женщиной жесткой, но надо отдать должное, человеком, несомненно, преданным П.Л.

Талант инженера-новатора, присущий Капице, проявился буквально в первые месяцы работы созданного им в Москве института: он изобрел поистине революционный способ получения кислорода в промышленных масштабах, основанный на идее использования для сжижения воздуха разработанной им турбины. Производительность машины, предложенной Капицей, превосходила производительность поршневых машин в несколько раз.

Надо представить себе атмосферу тех лет, когда все старались что-то сделать для индустриализации страны. А кислород был очень нужен для промышленности, для металлургии. Поскольку именно металлургия была сердцевиной всей промышленности, П.Л. начал продвигать свою идею через правительство. И ему это удалось. Сначала освоение кислородных установок Капицы осуществлялось на одном московском заводе под контролем Экономсовета при Совнаркоме, а затем, уже во время войны, весной 1943 г., было создано Главное управление: при СНК СССР, основной задачей которого было внедрение в производство кислородных установок Капицы и общее руководство кислородной промышленностью. Во главе Главкислорода, по существу в ранге наркома, был поставлен П.Л. Капица.

Согласившись занять этот пост, П.Л. недооценил всех возможных проблем и коллизий, которые должны были у него возникнуть при взаимодействии с бюрократической системой.

В те годы существовала большая техническая школа, которая занималась производством кислорода с использованием старых поршневых машин. Вузовские профессора и технические специалисты этой школы встретили, естественно, без всякого удовольствия изобретение Капицы. Это известная проблема — консервативные ученые и новые, прогрессивные идеи. В данном случае это противоречие приобрело классическую, почти хрестоматийную форму, и оно может быть прослежено во всех деталях.

Став частью бюрократической системы, П.Л. получил большое влияние в правительственных кругах и имел возможность лично взаимодействовать с руководителями страны на уровне, скажем, В.М. Молотова и его заместителей. Максимума влияния П.Л. достиг весной и летом 1945 г., когда получил Золотую звезду Героя Социалистического Труда. В августе 1945 г., после того как американцы сбросили атомные бомбы на Хиросиму и Нагасаки, был создан Специальный комитет по вопросам атомного оружия. В числе немногих ученых, включенных в этот комитет, во главе которого стал Л.П. Берия, был и П.Л. Капица[1]. Этот факт тоже говорит о том, что влияние П.Л. Капицы в тот период достигло максимума.

---

[1] На основании постановления Государственного Комитета Обороны от 20 августа 1945 г. при нем был образован Специальный комитет в составе: Л.П. Берия (председатель), Г.М. Маленков, Н.А. Вознесенский, Б.Л. Ванников, А.П. Завенягин, И.В. Курчатов, П.Л. Капица, В.А. Махнев и М.Г. Первухин. На комитет было возложено «руководство всеми работами по использованию внутриатомной энергии урана» («Известия ЦК КПСС». 1991. № 1. С. 145).

В это же время группа консервативных инженеров, которым не нравилась деятельность П.Л. в области производства кислорода и у которых почва уходила из-под ног, решила дать бой Капице и доказать правительству, что их метод более эффективен, а метод Капицы если и будет работать, то только в далекой перспективе. Решать же все эти проблемы нужно быстро, экстренно, потому что промышленность нуждается в кислороде. И они начали серьезную интригу против П.Л.[2]

Группа эта была довольно настырная, им удалось заручиться поддержкой некоторых бюрократических кругов и даже сторонников в самом правительстве. Применяли они не только дозволенные приемы. Вокруг П.Л. создавалась определенная атмосфера. Его противники старались доказать, что Капица увел всю кислородную программу на неправильный путь. При этом обычно добавлялось что-нибудь такое, что характеризовало П.Л. как человека, не совсем лояльного по отношению к системе.

А как в действительности Капица относился к советской системе? Это вопрос довольно сложный, и в нем, на мой взгляд, существует много недопонимания.

Сейчас уже широко известно, что Капица часто противостоял системе, в которой жил, особенно в тех случаях, когда те или иные группы интеллигенции подвергались преследованиям, когда жертвами репрессий становились ученые. Очень резко и смело реагировал Капица и на просчеты и глупейшие ошибки властей в научной политике и в более широком плане. Его реакция выражалась в том, что он писал письма «наверх» — Сталину, Молотову, Маленкову, а затем Хрущеву, Брежневу, Андропову. И в этих письмах он касался не только науки, но и проблем, имеющих отношение к программам развития страны. Лишь в очень редких случаях он получал письменный ответ, хотя известно, например, что Сталин все его письма читал. Этому имеются прямые доказательства.

---

[2] 22 августа 1945 г., т. е. спустя всего два дня после создания Специального комитета по атомному оружию, начальник Глававтогена Наркомата тяжелого машиностроения М.К. Суков направляет Сталину письмо с жалобой на П.Л. Капицу. Письмо это было вызвано в первую очередь тем, что в соответствии с готовившимся тогда постановлением правительства Глававтоген прекращал свое существование, а подчиненные ему заводы переходили к Главкислороду. В письме Сукова, в частности, говорилось: «...система деятельности Главкислорода имеет явно капиталистический характер...» Выдержки из этого письма-доноса были зачитаны Л.П. Берией на заседании Бюро СНК СССР 26 сентября 1945 г. После чего Берия предложил назначить Сукова заместителем Капицы по Главкислороду! (*Капица П.Л.* Письма о науке. М., 1989. С. 231–233).

Но все это не проясняет поставленный выше вопрос — как П.Л. относился к советской системе. К ответу на него следует, на мой взгляд, подойти очень аккуратно. П.Л. любил свою Родину. Это не вызывает никаких сомнений, и об этом свидетельствует хотя бы тот факт, что в течение 13 лет пребывания в Англии, где Капица достиг очень высокого положения в научном сообществе, он сохранял советское гражданство, хотя в те времена это было связано с большими сложностями и очень затрудняло ему поездки в другие страны Западной Европы. Надо также отметить, что П.Л. с большим интересом и сочувствием следил за экономическим развитием СССР. Мне представляется, однако, что у П.Л. был и некий принцип в его подходе к государственной власти. Он, как мне кажется, эту власть признавал и уважал. Я уже говорил о том, что участие одного из ведущих политических и государственных деятелей Англии в церемонии открытия Мондовской лаборатории в Кембридже, основателем и директором которой был Капица, свидетельствует о его уважительном отношении к государственной власти Англии. В такой же степени он уважал и власть, которая была в то время в Советском Союзе.

Существуют и другие мнения на этот счет, но, по-моему, они недостаточно обоснованы. В подтверждение того, о чем я говорю, можно привести одно высказывание П.Л. в письме, которое он написал Анне Алексеевне в 1935 г., т.е. тогда, когда жил один в Москве, а Анна Алексеевна находилась с детьми в Кембридже.

П.Л. рассказывает в письме Анне Алексеевне, с какими глупостями ему приходится сталкиваться, взаимодействуя с нашими властями, с советскими сановниками. И давал этим сановникам очень невысокую характеристику, особо отмечая их глупость. В то же время он писал: «Они глупы настолько, что даже не понимают, что я их люблю»[3].

---

[3] Цитата приведена по памяти. Речь идет о письме от 15 июня 1935 г. Вот отрывок, на который ссылается автор статьи: «Наши идиоты так привыкли, то что они ни скажут ученым, то получают в ответ: «Как хорошо! Как умно!» и пр., что, когда я ругаюсь и критикую, то мне прямо говорят, что у нас так не принято говорить с начальством. Конечно, после всего этого я остался сейчас в единственном числе, и только кое-какие из моих друзей, как Коля [Семенов], прямо из-за боязни за меня, убеждают меня переменить тон. Дураки, ведь я же почти наверное больше [их] люблю и ценю наших идиотов, я больше чем кто-либо другой желаю добиться, чтобы у них была хорошая и лучшая наука. Ведь я же для этого готов рисковать своей головой, своими нервами, готов на разлуку с семьей и пр. Вот этого они не хотят понять, а видят в этом какую-то «блажь».

На мой взгляд, это утверждение полностью подтверждает мою точку зрения: власть советскую П.Л. признавал, хотя видел, что она совершает много ошибок. Его эти ошибки раздражали, и он считал, что советской власти можно помочь, показывая их ей и объясняя, как нужно себя вести.

Вернемся теперь к осени 1945 г. Положение П.Л. становилось довольно сложным, напомню некоторые обстоятельства. В кругах, связанных с кислородной промышленностью, набирала обороты сильная интрига против Капицы, но в то же самое время его назначают членом Специального комитета по атомному оружию.

Нельзя забывать, что Капица, как всякий ученый, а в еще большей степени — выдающийся ученый, в каком-то смысле был эгоистом. Больше всего его интересовала его личная научная работа, его личная инженерная работа. И это, конечно, накладывало определенный отпечаток на стиль его руководства. Потому что в каждом деле близко ему было то, что он мог делать сам. Возглавив такой большой проект, как Главкислород, он, несомненно, получал удовольствие не от всех аспектов этой деятельности. Ведь от идеи до ее реализации — огромная дистанция. И очень часто реализация идеи, особенно в промышленности, — работа довольно скучная и рутинная, и этой работой П.Л., естественно, занимался с меньшим энтузиазмом, чем своей личной, творческой.

Попав в Атомный проект, П.Л. столкнулся с той же проблемой. Этот проект с самого начала предполагал участие огромного количества людей. И для П.Л. сразу же возникла проблема его роли в этом проекте. Потому что руководить многотысячным коллективом — это было не в духе Капицы. Он должен был найти свое место, в котором его могучий ум ученого и инженера мог себя проявить. Это было для него довольно сложно. Поэтому у него тогда, несомненно, возник некий внутренний конфликт. Ему приходилось участвовать в заседаниях, которыми руководил Берия. Эти заседания проходили в авторитарном стиле. За председательским столом располагался Берия, а большая группа ученых сидела где-то в конце перпендикулярного стола. П.Л., как мне рассказывали, даже не всегда слышал, что говорили там, где сидел Берия. И его такая двусмысленная ситуация, естественно, раздражала.

Итак, с одной стороны, тучи над Капицей сгущались в кислородной промышленности. Его противники, которые преследовали личные интересы, в борьбе с Капицей были готовы на все и имели, по-видимому, выход на Берию.

С другой стороны, Капица не находил для себя места в Атомном проекте, потому что никогда ядерной физикой не занимался, а повторять шаги других ему было неинтересно.

Но у меня есть еще одна версия, почему Капица поступил так, как он поступил. Я не ручаюсь за ее истинность, но тем не менее хочу изложить.

В последнее время, в связи с публикацией сомнительных воспоминаний генерал-лейтенанта П. Судоплатова, привлекло к себе внимание имя профессора Я.П. Терлецкого. П. Судоплатов, мастер «мокрых дел», во время войны был назначен начальником «Отдела С» в НКВД, которому поручался сбор шпионских данных по создававшемуся в США атомному оружию. Молодого доктора наук Терлецкого пригласили на должность помощника начальника отдела и присвоили звание подполковника.

Книга Судоплатова полна вымыслов, однако в той части, которая касается Терлецкого, ей можно доверять. Да и сам Терлецкий, тоже написав книгу воспоминаний, подробно описывал свою деятельность в «Отделе С». Наиболее «значительной операцией», которую провел «агент 007» Яков Терлецкий, была его поездка в Копенгаген осенью 1945 г. к Нильсу Бору для получения технической информации по атомным реакторам. Вся эта операция представляется мне совершенно смехотворной, поскольку, несомненно, Терлецкий никогда не был специалистом по атомным реакторам. Что же касается великого физика Нильса Бора, то хотя он, безусловно, понимал основные принципы действия атомных реакторов, вряд ли все же владел инженерно-технической информацией. Выбор же Бора как потенциального источника информации, по-видимому, объясняется тем, что он был близок к левым кругам датского общества, незадолго до этого встречался с Черчиллем и пытался его убедить поделиться атомными секретами с Советским Союзом.

В ноябре 1945 г., когда у Капицы уже возникли трения в Спецкомитете, Л.П. Берия, несмотря на натянутые отношения, обратился к нему с просьбой дать профессору Терлецкому рекомендацию для визита к Нильсу Бору. Терлецкий должен был якобы выяснить у него ряд вопросов, необходимых для развития советского Атомного проекта. Понятно, что отказать Берии было невозможно, и рекомендация была написана. Но, как рассказывал сам Капица, он нарочно опустил в письме стандартные для рекомендательных писем слова, чтобы Бор понял, что этой рекомендации не следует полностью доверять. Визит Терлецкого к Капице был также обставлен без соблюдения должной конфиденциальности, которой требовала подобная миссия. Во время визита в кабинете Капицы сидел специально приглашенный Ландау. Кроме того, даже дверь в кабинет была открыта. Петр Леонидович явно создавал себе своего рода алиби, да и вообще выполнял «задание» с отвращением. Известно, что П. Судоплатов был взбешен, когда узнал о присутствии Ландау на встрече Терлецкого с Капицей.

Нильс Бор, в свою очередь, уловив, очевидно, «сигнал» Капицы, довольно быстро разобрался, с кем имеет дело. Он две недели не принимал Терлецкого, сообщил о его визите в три контрразведки, не согласился на присутствие при разговоре полковника Василевского, который был профессиональным разведчиком, и тоже обеспечил себе алиби, потребовав, чтобы на встрече с Терлецким присутствовали его сын Оге Бор и переводчик из НКВД, сопровождавший Терлецкого, поскольку тот не знал английского языка. На встрече Бор разговаривал только с переводчиком, оставив почти без внимания вопросы, задаваемые Терлецким, и лишь однажды высказался по сути, заметив, что вопрос сформулирован некорректно с точки зрения физики. Вопросы, которые Терлецкий должен был задавать Бору, были заранее подготовлены группой наших ведущих атомных физиков, в которую входили И.В. Курчатов, Л.А. Арцимович и И.К. Кикоин. Л.П. Берия лично инструктировал Терлецкого и заставил его выучить все вопросы наизусть. По-видимому, Терлецкого подвела память, и он что-то в вопросах напутал.

Нильс Бор перевел всю беседу на тему о заслугах Ландау и сказал о нем очень много весьма лестных слов. Когда Терлецкий вернулся в Москву, Берия потребовал от него подробного отчета. Поскольку беседа происходила в присутствии переводчика, то Терлецкий вынужден был описать досконально все, как было. А главными, видимо, оказались сентенции Нильса Бора о величии Ландау. У Терлецкого лично не было никаких оснований для симпатий к Ландау, так как Дау нелицеприятно высказывался в его адрес. Отчет Терлецкого, как пишет он в своих воспоминаниях, по-видимому, был показан Сталину, и в 1946 г., когда согласовывался список кандидатов в академики, Сталин, вспомнив об этом отчете, одобрил кандидатуру Ландау. В своих воспоминаниях Терлецкий пишет, что он потом всю жизнь корил себя за то, что невольно способствовал избранию Ландау в академики.

Ясно, что вся эта история в изложении Терлецкого может вызвать только улыбку. Ландау к этому времени был настолько бесспорным кандидатом на избрание в Академию, что тогдашний президент С.И. Вавилов, поздравляя его с избранием, высказал сожаление о том, что это не было сделано ранее. Сам же Ландау считал свое избрание вполне естественным и заранее говорил друзьям, что откажется от членства в Академии, если его изберут лишь членом-корреспондентом.

Недавно, роясь в книжном шкафу, я нашел старую книгу с пожелтевшими страницами. Г.Д. Смит «Атомная энергия для военных целей». Трансжелдориздат, 1946 г. На выходных данных указано, что она была сдана в печать в ноябре 1945 г. Это знаменитый отчет Смита, в предисловии к которому генерал Л.Р. Гроувз написал: «Это рассказ о том, как в Америке была создана атомная бомба». Когда мы читали эту книгу, то удивлялись, как много информации она в себе содержала. Сравнивая дату публикации этой книги и дату визита Терлецкого в Копенгаген, невозможно себе представить, что Терлецкий не был знаком с отчетом Смита. Более того, Нильс Бор в их беседе даже ссылался на эту книгу. На фоне этого возникает вопрос, зачем же все-таки Берии был нужен этот визит Терлецкого к Бору. Невольно напрашивается вывод, что это было просто попыткой вербовки Бора. В случае удачи этой попытки на совесть Капицы легло бы несмываемое пятно участника грязной шпионской игры.

Перед самым уходом из жизни П.Л. Капица рассказывал своему секретарю П.Е. Рубинину, что его письмо Сталину, в котором он объявил о своем уходе из Специального комитета, было спровоцировано этим рекомендательным письмом Терлецкому. Капица понял, что Берия решил его использовать для своих грязных поручений. Видно, этот груз сотрудничества с Терлецким мучил Петра Леонидовича всю жизнь, и он не мог уйти, не рассказав историю своего «грехопадения» близкому человеку.

Капица выиграл

В любом случае, со всех сторон ситуация была критическая. П.Л. ее совершенно правильно понял. Берия к этому моменту тоже понял, что, с одной стороны, Капица ему для атомных дел не нужен, а с другой — почва для разгрома его кислородных работ готова и можно с ним разделаться.

И тут Капица, как шахматист высокого класса, делает нетривиальный ход. Из очень сложного, почти тупикового положения — англичане такое положение называют deadlock — Капица находит выход, правда, азартный и очень рискованный. Он жалуется Сталину на Берию. Пишет ему два письма — 3 октября и 25 ноября 1945 г. В одном из этих писем он обращает внимание Сталина на то, что Берия руководит Атомным проектом, ничего не понимая в его сути. Не уверен, что были еще подобные случаи, чтобы кто-либо посмел пожаловаться Сталину на Берию. Но Капица сделал этот азартный ход, и последствия его рассчитал, по-видимому, правильно. Он понимал, что Сталин покажет его письма Берии и даже сам просил это сделать. Он догадывался, что Берия был в какой-то степени любимчиком Сталина, но знал также, что Сталин не доверяет никому. По-видимому, Сталин собирал компрометирующий материал против Берии. И письма П.Л. он использовал так, как это можно было предположить. Показывая письма Берии, Сталин не сомневался, как тот отреагирует. Капицу ждала расправа. Однако Сталин считал, что П.Л. надо сохранить на всякий случай, как некий козырь против Берии. Кроме того, Сталин, несомненно, будучи сложной личностью, испытывал какую-то внутреннюю симпатию к Капице. И поэтому Сталин разрешил Берии расправиться с Капицей, но не уничтожать его.

21-го декабря 1945 г. Капица был освобожден от обязанностей члена Специального комитета. Однако других санкций пока не последовало — он продолжал руководить Главкислородом и оставался директором Института. Видимо, Капица рассматривался как личная номенклатура Сталина, и решающий удар Берия должен был подготовить основательно. Комиссия, проверявшая Главкислород, была «усилена» верными ему людьми. В конце концов к августу 1946 г. комиссия выдала заключение, где говорилось, что Капица, сорвавший все планы по кислороду, не может оставаться руководителем. Это уже давало законные основания расправиться с П.Л. 17 августа 1946 г. Сталин подписывает постановление об освобождении П.Л. Капицы от должности начальника Главкислорода и *директора Института физических проблем*.

Капица не ожидал, что его лишат и института тоже. Но добиться безупречной «тонкой настройки», когда вы играете с такими игроками, как Сталин и Берия,— дело почти безнадежное. Капица в любом случае выиграл: он спас свою жизнь. Тучи, которые тогда над ним сгущались, были столь зловещими, что все могло кончиться значительно хуже. Ведь его могли обвинить во вредительстве в кислородных делах[4].

Но удар был все же достаточно болезненным. П.Л. уехал на дачу. Первое время он очень переживал, болел, но потом постепенно взял себя в руки, устроил на даче небольшую лабораторию, «хату-лабораторию», как ее называли, в которой довольно успешно работал в области гидродинамики, а потом начал новое направление — электронику больших мощностей. По существу Капица находился тогда в ссылке, и очень немногие из его прежних друзей навещали его. Из моих друзей мне известны только Л.Д. Ландау и Е.М. Лифшиц, которые регулярно ездили к нему на Николину Гору.

Институт физических проблем по отношению к П.Л. держался лояльно, ему помогали приборами, материалами, спустя какое-то время новый директор А.П. Александров разрешил лаборанту Капицы С.И. Филимонову помогать ему в «хате-лаборатории». Однако навещать его большинство его прежних друзей побаивались, потому что понимали, что П.Л. на Николиной Горе находится под постоянным наблюдением органов безопасности.

В 1947 г. в МГУ был открыт новый факультет — физико-технический, который в дальнейшем был преобразован в Московский физико-технический институт. П.Л. вместе с С.А. Христиановичем и А.С. Яковлевым был инициатором создания нового института. После того как тогдашнее руководство страны поняло, как важны ученые для создания атомного оружия, оно с большим вниманием стало относиться к науке вообще. И од-

---

[4] Есть одна любопытная деталь. За все годы переписки П.Л. со Сталиным было написано пятьдесят безответных писем. После ухода из Спецкомитета Капица продолжал писать письма, и именно в смутное для него время 4 апреля 1946 г. он получил от Сталина единственное письмо, в котором подтверждалось получение писем и даже выражалось пожелание когда-нибудь встретиться.

ним из результатов стало создание нового типа университета — МФТИ, в котором должны были готовить физиков всех направлений в тесном контакте с Академией наук. П.Л. был назначен заведующим кафедрой общей физики физико-технического факультета МГУ и в сентябре 1947 г. приступил к чтению лекций по общей физике. Курс этот был очень нетривиальным, потому что читали его поочередно П.Л. Капица и Л.Д. Ландау. И эти две гигантские фигуры создали совершенно уникальный курс общей физики. Студенты на их лекции ходили толпами. Это продолжалось в течение двух лет.

В декабре 1949 г. «страна отмечала» 70-летие со дня рождения Сталина. Как и во всех советских учреждениях, на физико-техническом факультете МГУ в те дни проходило торжественное заседание, на которое были приглашены все профессора. И все они явились. Кроме Капицы... Это был конец его карьеры в МГУ. 24 января 1950 г. приказом зам. министра высшего образования А. Михайлова П.Л. был освобожден от работы в МГУ «за отсутствием педагогической нагрузки». Однако обижаться на товарища Сталина было очень опасно. Увольнением П.Л. из МГУ дело не ограничилось, был нанесен вслед еще один чувствительный удар. Потребовали, чтобы П.Л. освободил занимаемую им дачу на Николиной горе, принадлежавшую Совету министров. Это было единственное жилище, которым П.Л. располагал. К тому же не было ясно, что последует еще, и П.Л. решается после нескольких лет молчания написать письмо Сталину. В письме он объясняет, почему перестал вообще ходить на публичные собрания: от него шарахаются, как от зачумленного. Это «объясняло» его отсутствие на юбилейных заседаниях на физтехе МГУ и в Академии наук. Ответа не последовало. Но президент АН сумел добиться передачи дачи на Николиной горе в хозяйственное подчинение Академии наук, и таким образом проблема жилья для П.Л. была решена. Имело ли письмо Сталину влияние на это решение, неизвестно. Но П.Л. оставили в покое, и он опять замолчал.

Спрашивается: не противоречит ли демонстративный шаг П.Л. изложенной выше концепции об его отношении к властям? Нет никакого сомнения, что Капица никогда не был готов прощать личной обиды, в том числе нанесенной ему властями. Цену себе он знал, и чувство собственного достоинства у него было сильно развито. Однажды, уже в опальные годы, его пригласили к правительственному телефону в «Соснах», доме отдыха Совета Министров, расположенном неподалеку от дачи П.Л. Звонил Г.М. Маленков. Он сказал Капице: «Товарищ Сталин удивлен, почему вы перестали ему писать». Не знаю, что П.Л. ответил Маленкову, по-видимому, ушел от ответа. Но, перестав писать Сталину, П.Л. показал ему, что он на него серьезно обижен. Тот понял и отреагировал на этот шаг звонком Маленкова. Неявка Капицы на юбилейное собрание должна была еще раз показать Сталину, что П.Л. на него обижен. Так что дело сводилось к ссоре между ними, которая, как надеялся П.Л., рано или поздно будет разрешена. Что же касается реакции ректора МГУ, то она отвечала правилам того времени...

Кентавр

Пора рассказать о происхождении прозвища «Кентавр», которым называли П.Л. Капицу и друзья, и недруги. Давать прозвища было обычаем в нашем сообществе. Ландау все называли Дау, Померанчук был Чук, я — Халат. Это упрощало общение. П.Л. Капица тоже был не чужд этой традиции. Про него рассказывают такую историю.

Капица, который много времени провел в Англии, работая с Эрнестом Резерфордом, очень уважал его, считая своим учителем. В то же время Резерфорд отличался крутым нравом, это чувствовали на себе все его сотрудники. И Капица прозвал его «Крокодилом». Более того, даже на фронтоне Мондовской лаборатории, которую Резерфорд построил для Капицы, был изображен скульптурный силуэт крокодила. Капица во многом старался подражать Резерфорду, в том числе и в отношении сурового характера. Впрочем, возможно, тяжелым характером Петр Леонидович обладал сам по себе, от рождения, независимо от Резерфорда — теперь трудно сказать, что откуда взялось.

Прозвище же для самого Капицы придумал А.И. Шальников, замечательный физик и добрейший человек, сыгравший значительную роль в создании Института физпроблем. За долгие годы совместной работы с П.Л. Капицей он хорошо изучил тяжелый характер последнего. Петр Леонидович мог быть и очень мягким, и очень жестким. Один знакомый А.И. Шальникова, впервые встретившийся с П.Л. Капицей, был шокирован его нелюбезностью (а возможно, и грубостью). Под свежим впечатлением он спросил у Александра Иосифовича: «Так кто же ваш директор — человек или скотина?», на что Шальников дал мгновенный диалектический ответ: «Он — кентавр». Это прозвище прилипло к Петру Леонидовичу и прижилось, хотя его, естественно, употребляли за глаза. Но сам Капица, тем не менее, о его существовании знал.

В 1944 г. в Институте пышно отмечалось пятидесятилетие П.Л. Капицы. Все сотрудники придумывали к этому юбилею различные подарки. Его помощник и главный «оруженосец» Ольга Алексеевна Стецкая со всеми советовалась о том, какой сделать подарок от Института, чтобы он понравился Петру Леонидовичу. И тут А.И. Шальников в шутку предложил заказать настольную бронзовую фигуру кентавра с лицом Петра Леонидовича. Ольге Алексеевне, которая ничего не знала о прозвище, неожиданно понравилась эта идея. Она взялась за дело, нашла скульптора, заказала ему фигуру...

И вот, в самый торжественный момент, при гостях, при всем начальстве, собравшемся в кабинете юбиляра, Ольга Алексеевна торжественно, как рождественского гуся, внесла на вытянутых руках бронзового кентавра. У Петра Леонидовича при виде этого «подарка» так изменилось лицо, что Стецкая тут же развернулась, быстро вышла из кабинета, нашла завхоза и велела ему немедленно спрятать фигуру подальше с глаз долой. Так, возможно, эта скульптура и лежит до сих пор где-нибудь на чердаке Института, вся в пыли и паутине.

В то же самое время сам П.Л. был острослов, любил шутить и играть со словами. В Лондоне он как-то заехал к послу И.М. Майскому, но не застав его дома, оставил записку: «Послу и Послице. Приходил Капица». Летом, во время каникул, Капица путешествовал по Украине с Н.Н. Семеновым. Н.Н. надумал показать ему заповедник в Аскания-Ново. Их там встретили руководители заповедника, они решили притвориться иностранцами. Капица громко повторял, обращаясь к Семенову: «Кес ке сэ жоповедник?». Братьев Е.М. и И.М. Лифшицев называл «лифчиками».

В 1964 г. праздновали в «капичнике» 70-летие П.Л. Я еще возглавлял теоротдел, и мы подготовили поздравление. Через зал был протянут транспарант, на котором было написано изречение: «Только глупые люди не понимают шуток. П. Капица». Я не уверен, что П.Л. это говорил, но в дальнейшем это изречение многократно цитировалось и приписывалось ему.

Далее, на подиуме, где сидел в своем кресле юбиляр, появился отряд пионеров (аспиранты) во главе с А.Ф. Андреевым, на котором был красный галстук и в руках барабан. Все это должно было напоминать ритуальные приветствия пионеров на съездах партии и других официальных мероприятиях. Приветствие наших «пионеров» исполнялось в стихах. Заключительное двустишие звучало:

> Не ко двору Гайдуков и Гантмахер,
> Пусть по добру отправляются на хер!

Имелось в виду, что незадолго до юбилея по необъяснимым причинам П.Л. не согласился оставить в ИФП двух молодых блестящих экспериментаторов — Г. Гайдукова и В. Гантмахера. После приветствия П.Л. спустился с подиума, подошел ко мне и сказал: «Очень остро». Просигналил, что шутку понял.

В беседах реакция П.Л. бывала часто неожиданной. В Институте долгие годы работал экспериментатор-виртуоз М.С. Хайкин. Будучи избранным членом-корреспондентом АН, он все еще оставался старшим научным сотрудником. Наконец, решился и попросил П.Л. перевести его на должность заведующего лабораторией. Ответ П.Л. был таков: «Конечно, Миша, вы заслуживаете занимать должность завлаба. Но что я буду делать с вами через пятнадцать лет, когда вы прекратите работать?» Самому П.Л. было в это время лет около 80-ти.

В сложных ситуациях Капица применял неожиданные ходы, ставившие его оппонентов в безвыходное положение. Вот один из примеров.

28 апреля 1938 г. Ландау арестовали. Капица немедленно отреагировал, написав письмо И. Сталину, однако никакой реакции не последовало. 6 апреля 1939 г. Капица пишет письмо В.М. Молотову, в котором просит его обратить внимание НКВД на «ускорение дела Ландау». Реакция последовала очень быстро — через несколько дней П.Л. был приглашен в НКВД, где его принимала большая группа заместителей Берии во главе с начальником следственной части НКВД Кобуловым. На столе лежали пять больших томов «дела Ландау». Кобулов предложил Капице ознакомится с этими материалами. П.Л. мгновенно понял, что после чтения этих томов затем последует дискуссия без всякой гарантии на успех. Тогда он сделал встречный ход — задал Кобулову и всем присутствующим вопрос: «Вот вы утверждаете, что Ландау был немецким шпионом, что

является преступлением. Но всякое преступление должно иметь *мотив*. Объясните, какие могли быть мотивы у еврея Ландау стать немецким шпионом?». Тут последовала немая сцена в духе Гоголевского «Ревизора». Вопрос Капицы поставил генералов в тупик, они никогда до этого не задумывались о мотивах преступлений и даже не очень четко представляли себе смысл этого слова. Кобулов немедленно предложил прервать беседу, и через два дня он же запросил у П.Л. личное письмо Л.П. Берии с просьбой «освободить из-под стражи арестованного профессора физики Л.Д. Ландау под личное поручительство».

Через два дня, 28 апреля 1939 г., ровно через год после ареста, Ландау был освобожден. По-видимому, генералы, поломав голову, так и не смогли найти ответ на вопрос Капицы о «мотивах».

Ландау и бомба

В августе 1946 г. в Лаборатории № 2 (как называли тогда Институт атомной энергии) был запущен первый советский реактор. С этого началось создание нашей атомной промышленности и научных центров для работ над бомбой. Физики, привлеченные к Атомному проекту, имели право продолжать и свои мирные исследования — в отличие от американских специалистов, которые были изолированы от всего мира и на время полностью прекратили научную деятельность. За годы Атомного проекта наша физика не потеряла позиций в науке. Например, в физике низких температур — Институт физпроблем как был лидером в мировой физике, так и остался. Мы печатали статьи в научных журналах, я сделал обе диссертации по физике низких температур — кандидатскую и докторскую.

В нашем же Институте это началось так. В декабре 1946 г. меня перевели из аспирантов в младшие научные сотрудники, и Ландау объявил, что я буду заниматься вместе с ним атомной бомбой. В это время в теоротделе Ландау было всего два сотрудника: Е.М. Лифшиц и я. Задача, которую поручил нам Ландау, была связана с большим объемом численных расчетов. Поэтому при теоротделе создали вычислительное бюро: двадцать—тридцать девушек, вооруженных немецкими электрическими арифмометрами, во главе с математиком Наумом Мейманом. Первой задачей была рассчитать процессы, происходящие при атомном взрыве, включая (как ни звучит это кощунственно) коэффициент полезного действия. То есть оценить эффективность бомбы. Нам дали исходные данные, и следовало посчитать, что произойдет в течение миллионных долей секунды.

Естественно, мы ничего не знали об информации, которую давала разведка. Это сейчас любую развединформацию можно при желании найти даже в публикациях открытой прессы. Надо сказать, подобные публикации производят на меня огромное впечатление. Уж такие детали бывают описаны в этих донесениях! Но мы, повторяю, в те времена ничего этого не знали. Да и все равно, конечно, оставался вопрос, как это воплотить, как поджечь всю систему. Рассчитать атомную бомбу нам удалось, упростив уравнения. Но даже эти упрощенные уравнения требовали большой работы, потому что считались вручную. И соответствие расчетов результатам первых испытаний (1949 год) было очень хорошим. Ученых, участвовавших в проекте, осыпали правительственными наградами.

Надо заметить, что награды, полученные участниками нашей группы, не вполне соответствовали масштабу сделанного. Здесь произошло недоразумение. Было так. Для того чтобы договориться и согласовать все награды, заслуженные сотрудниками группы Ландау, И.В. Курчатов специально прислал в институт своего заместителя, академика С.А. Соболева. Соболев договорился с Дау о встрече, приехал в назначенное время в ИФП и... Прождал несколько часов без всякого результата. Дау так и не появился. Как потом говорили, все это время он провел, задержавшись у «девушки» и позабыв о встрече с Соболевым. В результате в первом указе был награжден по высшему разряду (правительственная дача, разные другие привилегии — например, прием детей в любые вузы без экзаменов) только Ландау, а остальных участников группы, спохватившись, тоже потом наградили, но уже рангом пониже. Я, к примеру, получил только орден.

Сталин начал Атомный проект с важнейшего дела — поднял престиж ученых в стране. И сделал это вполне материалистически — установил новые зарплаты. Теперь профессор получал раз в 5–6 больше среднего служащего. Такие зарплаты были определены не только физикам, а всем ученым со степенями. И это сразу после войны, когда в стране была ужасная разруха... Престиж ученых в обществе так или иначе определяется получаемой заработной платой. Общество узнает, что ученые высоко ценятся. Молодежь идет в науку, поскольку это престижно, хорошо оплачивается, дает положение.

Как мы относились к спецделу? О Ландау я скажу чуть позже, а сам я занимался всем этим с большим интересом. Моей задачей было служить координатором между Ландау и математиками. Математики получили от меня уравнения в таком виде, что о конструкции бомбы догадаться было невозможно. Такой был порядок. Но математикам и не требовалось этого знать.

Известно, что среди главных характеристик атомной бомбы — критическая масса, материал и форма «взрывчатки». В общем виде такую задачу никто и никогда до нас не решал. А мне удалось получить необычайной красоты интерполяционную формулу. Помню, Ландау был в таком восторге от этого результата, что подарил мне фотографию с надписью: «Дорогому Халату...», она у меня хранится до сих пор.

Листок в клетку

К 1949 г. в работе над водородной бомбой были достигнуты большие успехи в группе Игоря Евгеньевича Тамма. Андрей Дмитриевич Сахаров придумал свою идею номер один, как он ее называет в своих воспоминаниях, Виталий Лазаревич Гинзбург придумал идею номер два. Эти идеи стали основой конструкции первой водородной бомбы.

Идея номер один произвела на меня огромное впечатление, я считал ее просто гениальной, восхищался, как это Андрей Дмитриевич до такого додумался. Хотя она физически проста, и сейчас ее можно объяснить даже школьнику. Идея номер два тоже кажется теперь очевидной. Зачем заранее готовить тритий, если можно производить его прямо в процессе взрыва?!

Мне совершенно ясно, что все разработки были сделаны у нас абсолютно независимо, что идея водородной бомбы, взорванной в 1953 г., была абсолютно оригинальной. Никаких чертежей на этот раз у Лаврентия Павловича в кармане не было.

К этому времени у Ландау заметно испортились отношения с Я.Б. Зельдовичем. Зельдович играл важную роль в Атомном проекте. Человек очень инициативный, он пытался договориться с А.П. Александровым о том, чтобы втянуть Ландау в решение еще каких-то задач. Когда Ландау об этом узнал, то очень разозлился. Он считал, что Зельдович не имеет права без его ведома придумывать для него работу. Хотя они и не рассорились, но в области спецдела Ландау перестал с ним сотрудничать и вел работы над водородной бомбой в контакте с А.Д. Сахаровым.

Расчеты водородной бомбы мы вели параллельно с группой А.Н. Тихонова в отделении прикладной математики у Келдыша. Задание на расчеты, которое нам дали, было написано рукой А.Д. Сахарова. Я хорошо помню эту бумажку — лист в клеточку, исписанный с двух сторон зеленовато-синими чернилами. Лист содержал все исходные данные по первой водородной бомбе. Это был документ неслыханной секретности, его нельзя было доверить никакой машинистке. Несомненно, такого варианта расчета в 1950 г. американцы не знали. Хорош он или плох, это другой вопрос, но они его не знали. Если и был в то время главный советский секрет, то он был написан на бумажном листке рукой Сахарова. Бумажка попала в мои руки для того, чтобы подготовить задания для математиков.

В «Воспоминаниях» Сахарова есть такой эпизод. В Институте прикладной математики как-то утеряли документ, связанный с водородным проектом. Малозначащий, пишет Андрей Дмитриевич. А начальник первого отдела — после того, как к нему приехал высокий чин из госбезопасности и с ним побеседовал — покончил жизнь самоубийством. Сахаров приводит это как пример нравов: человек расстался с жизнью из-за того, что потерял малозначащую бумажку.

Но я как непосредственный участник событий знаю, что на самом деле было потеряно — та самая бумажка, которая у нас, в Институте физпроблем, в течение месяца или двух хранилась в первом отделе. Всего одна страничка. Я не раз держал ее в руках и помню, как она хранилась: в специальных картонных обложках как документ особой важности.

Чтобы продолжить расчеты в группе Тихонова, эту бумагу переслали в отделение прикладной математики. И там утеряли. Андрей Дмитриевич к тому времени был уже на Объекте и, может быть, не знал, что именно пропало. А это была всего одна страничка, на которой значилась вся его идея — со всеми размерами, со всеми деталями конструкции и с подписью «А. Сахаров». За время моей работы в спецпроекте я не помню других случаев утери каких-либо документов. Пропал всего один. Но какой!

Я всю жизнь помню об этом случае. И того человека из первого отдела помню — приходилось иметь с ним дело. Добродушный человек средних лет, в военной форме без погон. Женщину, которая с ним работала, наказали, уволили. Не исключено, что бумажку эту сожгли по ошибке,— какие-то секретные бумаги, черновики постоянно сжигали. Может быть, она хранилась не так тщательно, как у нас — всего лишь какая-то страница, да еще написанная от руки.

Низкие и высокие температуры

Расчет водородной бомбы оказался задачей на много порядков сложнее, чем атомной. И то, что нам удалось «ручным способом» такую задачу решить,— конечно, чудо. По существу, тогда произошла революция в численных методах интегрирования уравнений в частных производных, и произошла она в Институте физических проблем под руководством Ландау.

Главной тогда оказалась проблема устойчивости. И это было нетривиально. Математики в отделе у А.Н. Тихонова считали, что проблемы устойчивости вообще нет, и высокому начальству докладывали, что мы выдумали несуществующую задачу. А если не думать об устойчивости, то в наших схемах вместо гладких кривых возникает «пила». У Тихонова эту «пилу» сглаживали с помощью лекала, еще каких-то методов. Но таким способом достоверных результатов нельзя получить.

Я помню историческое заседание под председательством М.В. Келдыша. Оно продолжалось несколько дней. Мы доказывали, что есть проблема и что мы ее решили, а группа Тихонова доказывала, что никакой проблемы вообще не существует. В результате пришли к консенсусу — высокое начальство приказало передать наши схемы в отдел Тихонова. Там убедились в достоинствах предложенных нами схем, поскольку мы сначала поставили вопрос об устойчивости, а потом нашли способ обойти трудности. Здесь сложно все это объяснять. Но я бы сказал, что был придуман метод, как неизвестное будущее связать с прошлым и настоящим. Эти неявные схемы необычайно красивы. И они позволили нам считать быстро — не за годы, а за месяцы.

В 1952 г. мы заканчивали расчеты по водородной бомбе, и я представил докторскую диссертацию по теории сверхтекучести. Эта защита оказалась связана со спецзадачей весьма интересным образом. Оппонентами у меня были Н.Н. Боголюбов, В.Л. Гинзбург и И.М. Лифшиц. Лучшую команду придумать было невозможно. В 1946 г. Боголюбов сделал классическую работу по теории сверхтекучести, он был ведущим экспертом в этой области. Кроме того, было нечто необычное в том, что я занимался сверхтекучестью в духе Ландау, а основным оппонентом пригласили Боголюбова — представителя совершенно другого направления, более математического, может быть, несколько оторванного от реальной физики, но совершенно оригинального, нетривиального. Боголюбов в это время находился на Объекте, его тоже привлекли к работе над водородной бомбой. Боголюбов был выдающийся математик, прекрасный теоретик. Но не для таких прикладных задач. Его с трудом загнали на Объект, и, чтобы уехать оттуда на мою защиту, требовалось высокое разрешение. Ему не разрешили. Боялись, что приедет в Москву и не захочет вернуться на Объект. Но для защиты требовалось либо личное присутствие, либо письменный отзыв основного оппонента. Утро защиты, а отзыва еще нет. И только когда начался ученый совет, в зал вбежал Георгий Николаевич Флеров, человек, имевший, как известно, особое отношение к спецпроблеме — с его письма Сталину все и началось. Именно Флеров приехал с Объекта и привез отзыв на мою диссертацию.

Это пример того, какие доброжелательные отношения были в нашей среде.

Расчеты водородной бомбы к началу 1953 г. были закончены. В том же году провели испытания. Совпадение с расчетами оказалось замечательным. Все участники получили награды. К тому времени Сталин уже умер, но мы все равно получили Сталинские премии. Кто удостоился Героя, кто — ордена, и это были самые последние Сталинские премии в СССР.

Я получил первую Сталинскую стипендию и последнюю Сталинскую премию.

Охрана для Ландау

После ареста Берии неожиданно появился документ, подписанный Хрущевым и Маленковым, об охране для Ландау. Было решено приставить к нему круглосуточную охрану. Такая охрана состояла из трех офицеров КГБ, дежурящих по очереди и не отходящих от «объекта» ни на шаг. Официально они назывались «секретари». Охрана с самого начала Атомного проекта была у участвующих в нем И.В. Курчатова, Ю.Б. Харитона, Я.Б. Зельдовича, Л.А. Арцимовича, А.П. Александрова и других. К этому времени Ландау уже решил уходить из Атомного проекта. Все его друзья об этом знали, но наверх слухи, очевидно, еще не дошли. Кроме того, для Дау присутствие подобного «секретаря» означало полное окончание его личной жизни. Узнав о таком решении, Дау сначала впал в истерику, а потом написал авторам документа письмо, в котором четко сформулировал: «Птица в клетке петь не будет». Письмо помогло, и от этой нелепой идеи отказались.

Мне хочется рассказать о «секретарях» чуть подробнее. Часто люди, вынужденные общаться с ними двадцать четыре часа в сутки, привыкали к своим «секретарям», у некоторых они становились почти членами семьи. Например, известно, что секретарь Л.А. Арцимовича по вечерам, провожая Арцимовича в спальню, жаловался ему: «Да, вам хорошо, вы теперь спать пойдете, а мне еще нужно на вас суточное донесение писать». Я.Б. Зельдович, наоборот, принципиально отказывался пускать секретарей в свою квартиру, а жил он в скромном трехэтажном доме Института химфизики, и бедные секретари вынуждены были сидеть на лестнице, когда Зельдович был дома. Зимой лестница не отапливалась, и это становилось неприятно. И так, создав секретарям неудобства в работе, Зельдович в конце концов от них избавился.

Академик Н.Н. Семенов очень подружился со своим секретарем П.С. Костиковым, который стал его постоянным партнером при игре в подкидного дурака. Однажды, уехав поохотиться на глухарей, Николай Николаевич взял с собой любимого секретаря, и произошел такой казус. Охотник из Семенова был неважный, слышал он плохо, да и видел не очень хорошо. Кончилось все это печально — вместо глухаря академик попал в ногу Костикова, своего преданного пажа.

О П.С. Костикове стоит рассказать отдельно. Участие Н.Н. Семенова в Атомном проекте не вполне удовлетворяло тех, кто был наверху, в какой-то момент его оттуда отпустили, а секретарей, соответственно, решили снять за ненадобностью. Это был сильный удар по престижу Н.Н. Семенова, он сильно переживал и решил оставить своего любимого секретаря, старшего лейтенанта КГБ П.С. Костикова, работать в своем институте в качестве заместителя по режиму.

Павел Семенович относился к академику Семенову как к родному отцу, и был ему необыкновенно предан. И вообще был очень добрым и хорошим человеком. Он некоторое время проработал в институте заместителем директора по режиму, и одной из его обязанностей было подписывать характеристики ученым, выезжающим за границу. Ему особенно нравилось подписывать характеристики молодым научным сотрудницам, и кончилось это тем, что одна из сотрудниц пожаловалась на него. Возник скандал, и Павла Семеновича понизили до должности инженера. Он тяжело переживал свое унижение. А я как раз в это время подыскивал в наш институт помощника директора по общим вопросам. И Н.Н. Семенов, узнав об этом, предложил мне взять на эту должность Павла Семеновича. Я согласился, и ни разу об этом не пожалел. Появившись в институте, Павел Семенович взял на себя всю рутинную работу. Он любил науку, был предан институту и лично мне, и не было такого бытового вопроса, который он не мог бы решить. Поместить кого-нибудь в хорошую больницу, достать лекарства, выбить путевку, обеспечить автобус — все это решалось без проблем. Павел Семенович не имел никаких комплексов и мог пройти с письмом от Института куда угодно, никакие уровни вплоть до министерских его не смущали. И наш институт скоро приобрел репутацию места, где можно решить любой вопрос.

Павел Семенович проработал в нашем Институте очень долго, до самой своей смерти. Умер он 19 августа 1991 г. Очень символично.

«Его нет, я его больше не боюсь, и больше заниматься этим не буду»

В «Воспоминаниях» Сахарова описан его разговор с Я.Б. Зельдовичем. Прогуливаясь как-то по территории Объекта, Зельдович спросил его: «Знаете, почему Игорь Евгеньевич Тамм оказался столь полезным для дела, а не Ландау?— у И.Е. выше моральный уровень». И Сахаров поясняет читателю: «Моральный уровень тут означает готовность отдавать все силы "делу". О позиции Ландау я мало что знаю».

Я считаю абсолютно неуместным сравнивать участие в работах двух замечательных физиков и нобелевских лауреатов. То, что умел Ландау, не умел Тамм. Я могу категорически утверждать: в Советском Союзе сделанное Ландау было не под силу больше никому.

Да, безусловно, И.Е. Тамм активно участвовал в дискуссиях, был на объекте постоянно, а Ландау там не бывал ни разу.

Ландау не проявлял инициативы по совершенствованию новых идей — это тоже верно. Но то, что сделал Ландау, он сделал на высшем уровне. Скажем, проблему устойчивости в американском проекте решал известнейший математик фон Нейман. Это — для иллюстрации уровня работы.

Как известно из недавно опубликованной «справки» КГБ, сам Ландау свое участие ограничивал теми задачами, которые получал, никакой инициативы не проявлял. И здесь сказывалось его общее отношение к Сталину и к сталинскому режиму. Он понимал, что участвует в создании страшного оружия для страшных людей. Но он участвовал в спецпроекте еще и потому, что это его защищало. Я думаю, страх здесь присутствовал. Страх отказаться от участия. Тюрьма его научила. А уж дальше — то, что Ландау делал, он мог делать только хорошо.

Так что внутренний конфликт у Ландау был. Поэтому, когда Сталин умер, Дау мне сказал: «Все! Его нет, я его больше не боюсь, и я больше этим заниматься не буду». Вскоре меня пригласил И.В. Курчатов, в его кабинете находились Ю.Б. Харитон и А.Д. Сахаров. И три великих человека попросили меня принять у Ландау дела. И Ландау попросил об этом. Хотя к тому времени было ясно, что мы свою часть работы сделали, что ничего нового, интересного для нас уже не будет, но я, естественно, отказать не мог. Скажу прямо, я был молод, мне было 33 года, мне очень льстило предложение, полученное от таких людей. Это ведь как спорт, затягивает, когда начинаешь заниматься каким-то делом, когда что-то внес в него, придумал, то увлекаешься и начинаешь любить это дело. Я принял от Ландау его группу и вычислительное бюро.

Одним из моих первых успешных дел на этом посту было решение «квартирного вопроса» Н.Н. Меймана.

Математик Н.Н. Мейман, ученик замечательного казанского математика Н.Г. Чеботарева, встретился с Ландау в Харькове в 1934 году Н.Н. Мейман был самым молодым доктором наук, свою степень он получил в возрасте 24 лет. В самом начале работы в Атомном проекте (1946) Ландау пригласил Меймана возглавить вычислительное бюро при Теоротделе. Вычислительное бюро под руководством Меймана и выполняло в дальнейшем все расчеты по этому проекту.

Мейман был человеком слабого здоровья и очень нуждался в деньгах. Все имели какую-то преподавательскую работу по совместительству, но Мейман не смог найти себе такую работу в Москве, а нашел только в Иваново. И ездил туда раз в неделю читать лекции. По этому поводу в стенгазете Института физпроблем как-то появилась злобная критическая статья с названием: «В погоне за длинным рублем».

С ним же произошел еще такой «забавный» случай. В 1953 г. 21 января происходило торжественное заседание, посвященное памяти Ленина. Наум вошел в зал, тихонько подошел ко мне и задал какой-то технический вопрос, на который я тут же шепотом и ответил. На следующий день объявили, что Мейман пытался сорвать вечер памяти Ильича. За такой проступок Мейману грозили суровые санкции, но от них все-таки удалось, хотя и с трудом, отбиться — уж очень нужен был Н.Н. Мейман на проекте.

Ландау был органически неспособен думать о каких-то бытовых, житейских проблемах окружающих его людей. Я не хочу сказать, что он был сознательным эгоистом или что-то в этом роде, наоборот, он, например, всегда охотно давал в долг деньги и никогда не требовал их назад, но он просто был не в состоянии занимать голову чем-то, что не касалось непосредственно его работы.

Наум Мейман был известным в Министерстве человеком, но все эти годы, с 1946-го по 1953-й, жил в крошечной комнате в коммунальной квартире, и очень от этого страдал. Когда Ландау сдал мне все дела по проекту, первым моим делом было получить квартиру для Меймана. Я написал письмо начальнику Политуправления министерства, что ужасные жилищные условия мешают ведущему специалисту Н.Н. Мейману сосредоточиться на решении вычислительных задач проекта, и квартирный вопрос Н.Н. Меймана был мгновенно решен. Через две недели у него была замечательная двухкомнатная квартира в том же доме, где жил И.Е. Тамм. Это показывало, что это все были крайне простые вопросы, квартир в Министерстве было достаточно, но просто Ландау органически был не в состоянии забивать себе голову такой «ерундой».

Возвращение Капицы

Теперь мне хотелось бы рассказать о том, как П.Л. вернулся в Институт физических проблем и как он вновь стал его директором. Надо сказать, что А.П. Александров в институте бывал немного. Он работал по совместительству также первым заместителем И.В. Курчатова в его институте. И там занимался своими реакторными делами. В течение многих лет научная работа Институте физических проблем, по существу беспризорном, шла по инерции, управлял им фактически М.П. Малков, инженер-криогенщик по профессии, неплохой администратор. Каждая лаборатория имела свое задание и самостоятельно его выполняла.

В 1953 г., после смерти Сталина и ареста Берии, в институте появилась надежда на возвращение П.Л. Капицы. Сотрудники такую возможность обсуждали, однако не будем забывать, что переход от сталинского режима к хрущевскому произошел не сразу, на это ушло несколько лет. Но идея вернуть ИФП Капице витала в воздухе.

За те 7–8 лет, что П.Л. находился в ссылке на Николиной Горе, у него появились серьезные продвижения в области создания мощных генераторов электромагнитного излучения. И П.Л. стал опять, как шахматист, думать о том, какой сделать ход, чтобы привлечь внимание высокого руководства к своей деятельности. Первый такой ход он сделал еще при жизни Сталина, летом 1950 г., когда его исследования по электронике больших мощностей находились в начальной стадии. В письме к Г.М. Маленкову от 25 июня 1950 г. он сообщал, что им теоретически найден метод излучения электромагнитных волн, с помощью которого можно будет уничтожать самолеты и другие объекты. 22 июля 1953 г. Капица снова пишет Маленкову, который стал в то время Председателем Совета Министров СССР. В этом письме он просит «быстро построить» специальное лабораторное здание для его исследований в области электроники больших мощностей. «Проект уже готов»,— пишет П.Л. и просит срочно прирезать к своему дачному участку 0,5–1 га, чтобы построить здесь, на Николиной Горе, новую лабораторию.

Надо иметь в виду, что хотя Институт физических проблем не играл решающей роли в создании атомного оружия, однако отдельные проблемы решал довольно успешно. К 1953 г. были уже созданы и атомная, и водородная бомбы. Вернее, вариант водородной бомбы, предложенный А.Д. Сахаровым, которую следовало бы называть «полуводородной». То, что принято называть водородной бомбой теперь, было испытано в СССР в 1955 г. Причастные к этому лица из руководства страны — Б.Л. Ванников, А.П. Завенягин (технократическое направление),

В.А. Малышев и М.Г. Первухин (политические деятели) — знали об Институте физических проблем, это была в каком-то смысле их епархия. Вернуть Капице институт в том виде, в котором он существовал до его отстранения, было, по-видимому, несложно. Однако передать ему институт, который играл хоть какую-то роль в создании атомного оружия, было нелегко, поскольку эти «генералы» свои «боевые единицы» берегли и расставаться с ними не хотели.

Капица это прекрасно понимал. Он понимал также, что привлечь внимание правительства к своей работе по электронике без специальной «наживки» он не сможет. Этой «наживкой» и послужила в свое время идея о возможности применения мощного электромагнитного излучения для сбивания самолетов и других воздушных целей, о чем он писал в 1950 г. Маленкову. В таком виде эта идея могла произвести впечатление на правительство, на наших государственных деятелей. В некотором смысле Капица предвидел идею лазера и лазерного оружия. Разница лишь в диапазонах электромагнитного излучения. Он работал в одном диапазоне, а лазерное излучение — это другой диапазон.

В это время лазеры еще не были изобретены, но идея, что можно электромагнитное излучение использовать для сбивания самолетов или других объектов, по существу впервые была сформулирована в этом письме. И она в дальнейшем была использована П.Л. для пропаганды своих научных достижений. Эта идея в качестве «наживки» была вновь, как рыболовом, использована им в письмах, которые он уже после смерти Сталина писал Н.С. Хрущеву и Г.М. Маленкову.

Вопрос о возвращении института Капице обсуждался на самом высоком уровне. Просочилась информация (это было в начале 1954 г.), что со стороны атомного лобби возникло сильное сопротивление: М.Г. Первухин, В.А. Малышев и другие выступили против. Не желая расставаться с институтом, хотя у них были «объекты» и покрупнее, они заявили, что там ведутся важные исследования по атомному оружию, к которым нельзя допускать Капицу. При этом имелась в виду, главным образом, теоретическая лаборатория, которой руководил я (она выделилась из теоротдела Ландау). В этой лаборатории (а в нее входило большое вычислительное бюро) еще продолжалась некоторая деятельность в области атомного оружия, производились расчеты. Таким образом, я оказался в довольно странном положении. С одной стороны, я был одним из активных двигателей идеи возвращения института Петру Леонидовичу, а с другой — одним из тормозов.

В то время у нас в институте большую роль играл секретарь парткома Владимир N. Он был аспирантом Ландау. Льва Давидовича еще в 1950 г. предупреждали, что человек этот невысокого морального уровня, но Ландау отреагировал так: «Он сдал теорминимум, поэтому имеет право быть принятым в мою аспирантуру. Я не могу делать никаких исключений». Впоследствии N. отплатил ему черной неблагодарностью. В январе 1953 г., когда на партийном собрании ИФП обсуждалось «дело врачей», этот человек бил себя в грудь и рассказывал, как Ландау плохо им руководил...

В 1953–1954 гг. N. был вхож в Отдел науки ЦК КПСС. Однажды он в коридоре сообщил мне, что вопрос о возвращении института Капице обсуждался на заседании Президиума ЦК и решился отрицательно. Судя по некоторым деталям, информация эта исходила от М.А. Суслова.

Стало ясно, что если мы хотим, чтобы Капица вернулся в институт и вновь стал его директором, нужно действовать, притом быстро. Мне пришла в голову мысль подготовить коллективное письмо руководителям страны. Это было, по-видимому, одно из первых подобных писем. Потом коллективные обращения стали очень популярны в нашей общественной жизни.

С этой идеей я пошел к Ландау. В это время у него находился А.И. Ахиезер, который заметил: «Если захотят вернуть институт Капице, вернут и без письма». Ландау посоветовался со своим другом Аретмием Алиханьяном, который мою идею поддержал, и мы с Ландау составили такое письмо, а сбором подписей занимался я вместе с Алексеем Абрикосовым. Мы объезжали академиков, членов-корреспондентов, известных физиков. Письмо подписали А.И. Алиханов, А.И. Алиханьян, Н.Н. Андреев, Л.А. Арцимович, Л.Д. Ландау, Г.С. Ландсберг, М.А. Леонтович, П.Н. Лукирский, Н.Н. Семенов, И.Е. Тамм, А.И. Шальников, А.В. Шубников. Всего 12 человек. Мы не обращались к А.П. Александрову, это было бы бестактно. Только один человек отказался подписать — И.К. Кикоин. Он сказал те же самые слова, что и А.И. Ахиезер: «Если решат вернуть институт, то сделают это и без нашего письма». Это был единственный случай отказа.

Мне особенно запомнилась реакция А.В. Шубникова. Это был наш известный кристаллограф, классик, человек сдержанный, несколько суховатый. Мне с ним прежде не приходилось сталкиваться, мы были разных поколений, но сообщество физиков тогда не было таким большим, как сейчас, так что обо мне он что-то слышал и принял меня очень любезно. Немедленно подписал письмо, только спросил: «А кто еще подпишет?» И аккуратненько занес в свою записную книжку все имена. Это была естественная реакция хорошо организованного, может быть немного педантичного человека.

Письмо за подписью 12 физиков мы с Абрикосовым отвезли и в приемную Совета Министров, и в приемную ЦК КПСС. Оно произвело должное впечатление. Вскоре, по-видимому, состоялось еще одно заседание Президиума ЦК и была создана согласительная комиссия, потому что голоса на том заседании, как нам стало известно, разделились примерно поровну. Я думаю, что Хрущев и Маленков в душе сочувствовали идее возвращения института Капице, но была оппозиция со стороны группы Малышева и Первухина.

Согласительная комиссия в конце концов решила: Институт физических проблем возвратить Капице, а те лаборатории, которые были тесно связаны с деятельностью Министерства среднего машиностроения, передать другим институтам. Лаборатория с ускорителем Ван-де-Граафа была передана Курчатовскому институту, а теоретическая лаборатория, которую я в то время возглавлял, в Институт прикладной математики, директором которого был М.В. Келдыш. Таким образом, вопрос об основном препятствии — теоретической лаборатории с вычислительным центром — был решен, и П.Л. вернулся в институт.

В Институте прикладной математики я провел всего полгода. Для меня уход из ИФП был личной трагедией. Связь с Ландау я, естественно, мог поддерживать, не в том дело. Я привык к обстановке этого уникального учреждения. К тому же место для физика в математическом институте найти было нелегко...

Я пожаловался на свою судьбу И.В. Курчатову, который относился ко мне с симпатией, сказал ему, что не нахожу себе места в математическом институте. Он пообещал: «Я тебя заберу к себе». (Он ко многим обращался на «ты».) И действительно, появилось распоряжение по Академии наук о переводе моей группы, без математиков, в Институт Курчатова, даже было выделено помещение в корпусе у Л.А. Арцимовича.

Однако я не спешил перебираться. Дело в том, что к этому времени в работе, связанной с атомным оружием, интересных проблем для физиков уже не осталось. Основные физические вопросы были давно решены, работа становилась все более и более рутинной. Я подождал месяц или два — никого, вижу, судьба моя не волнует — и тогда я решился и написал А.П. Завенягину, министру среднего машиностроения, что как физик я сделал все, что мог, и не вижу, чем могу быть полезен атомной программе. Вскоре мне разрешили вернуться в Институт физических проблем.

С высокой должности заведующего лабораторией я пришел в ИФП на должность старшего научного сотрудника, потеряв почти ползарплаты, и был при этом совершенно счастлив, что могу вернуться в свой институт и снова работать рядом с Ландау и Капицей.

Сложный период жизни П.Л. Капицы с 1946-го по 1954-й г. даже среди его близких друзей, пытавшихся проанализировать события тех дней, не находил однозначного объяснения. Не всегда удавалось при этом, что называется, свести концы с концами. Выше я попытался дать свою версию, как мне кажется, логически непротиворечивую.

Анна Алексеевна Капица, любезно ознакомившаяся с рукописью, сделала замечание, которое я, с ее разрешения, приведу:

«П.Л., а также мой отец (академик Алексей Николаевич Крылов), власть терпели, как терпели силы природы — дождь, бури, землетрясения и пр. Силы природы не уважают, но с ними живут...»

К замечаниям Анны Алексеевны, сыгравшей важнейшую роль в жизни П.Л., а иногда, по-видимому, определяющую в принятии решений, необходимо отнестись самым внимательным образом. В ее подходе акцент отличается от моего. Можно ли, отталкиваясь от этого акцента, связать логически факты жизни и поступки П.Л. этого периода? Капица был яркой и противоречивой личностью. Сталкиваясь с ярким явлением, каждый видит его по-своему, а иногда даже видит то, что хочет увидеть.

Капица, Ландау и Гамов

Имена Ландау и Капицы связаны тесно в науке и жизни. Вначале при организации Института физических проблем П.Л. Капица сделал предложение возглавить теоротдел известному немецкому физику Максу Борну, который после эмиграции из фашистской Германии искал себе место для постоянной работы. В конце концов М. Борн получил кафедру в Эдинбурге, а Капица предложил возглавить этот отдел Ландау. В 1937 г. Ландау переехал в Москву и с тех пор до конца своей жизни возглавлял теоротдел ИФП. Именно здесь Капица открыл сверхтекучесть гелия, а Ландау создал теорию этого фундаментального явления. За эту работу ему в 1962 г., уже после трагической автомобильной аварии, была присуждена Нобелевская премия по физике. Исследование сверхтекучести навсегда связало имена Ландау и Капицы. Нельзя, однако, сказать, что между ними были близкие отношения. Со стороны Ландау это было уважительное отношение младшего к старшему. Он постоянно помнил, о том, что Капица освободил его в 1939 г. из заточения в Лубянской тюрьме. Капица не был особенно деликатным человеком и иногда отпускал грубые шутки если не в адрес Ландау, то в адрес теоретиков вообще.

Ландау считал Капицу великим организатором науки. Но был также и второй великий организатор — Артемий Исаакович Алиханьян. С ним (Артюшей) Ландау связывала долгая дружба, Артюша был посвящен во все дела Дау и был его постоянным советчиком.

Здесь мне хочется рассказать об одном человеке, также выдающемся физике-теоретике, судьба которого в свое время была тесно связана с судьбами Ландау и Капицы.

Георгий Антонович Гамов оставил яркий, сверкающий след в современной науке. В связи с непростой историей его жизни он известен на Родине в меньшей степени, чем того заслуживает. Я считаю, что любая страна должна знать своих героев. Георгий Гамов — русский человек, научными достижениями которого его страна может с полным основанием гордиться.

Гамов родился в Одессе четвертого марта 1904 г. Он вырос в интеллигентной семье. Окончил в Одессе гимназию, после чего поступил в Ленинграде в университет, после окончания которого остался там же, в физико-математическом Институте. В то время там собрался кружок очень талантливых физиков-теоретиков. В него входили Л. Ландау, М. Бронштейн, Д. Иваненко, а возглавлял эту команду Владимир Фок. В этом кружке было принято называть друг друга не по именам, а сокращенными прозвищами. Именно там Ландау стал Дау, Бронштейн — Аббат, Иваненко — Димус, а Гамов — Джонни.

А клубом для их сборищ стала квартира молодой поэтессы Жени Каннегисер, сестры Леонида Каннегисера, убившего в 1918 г. председателя ЧК М.С. Урицкого. Вся компания собиралась у нее, вечера заполнялись шутками, музыкой, чтением стихов. В какой-то момент туда был приведен молодой английский физик Руди Пайерлс. И вскоре Женя стала его женой. Когда Руди Пайерлс стал сэром Руди, она превратилась в леди Пайерлс. Пайерлс был руководителем теоретического отдела лаборатории Лос-Аламос. Известный шпион Клаус Фукс, выдавший нашей стране наиболее ценные секреты атомной бомбы, был ближайшим его сотрудником. В 1968 г., во время моего визита в Англию, Женя мне рассказала, что они с мужем, сэром Руди, каждое воскресенье навещают Фукса в английской тюрьме. Следует отметить, что Фукс был убежденный антифашист и передавал информацию в Советский Союз совершенно бескорыстно.

Вернемся к Гамову. В ранние годы самостоятельной жизни он очень нуждался, семья ему помочь не могла. В лаборатории артиллерийской школы, где он тогда работал, ему выдали шинель, так как он был плохо одет. К тому же он всегда был голоден, и спасал его командирский паек, который ему там же и выделили. В дальнейшем он гордился тем, что его кормили как командира полка и даже написал об этом в своей биографии, назвавшись в шутку «полковником». Позже в Америке у него были из-за этого сложности. «Полковник» красной армии не мог в США получить допуск к секретной работе в атомном проекте.

Закончив университет, Гамов поступил там же в аспирантуру, но за четыре года обучения в ней не сделал ничего не только выдающегося, но и достаточного для защиты диссертации, что и было отражено в полученной им тогда характеристике. Было решено послать его на обучение за границу. И произошло чудо — в первый же год пребывания там он сделал выдающуюся работу по альфа-распаду. Эта работа, в которой впервые были применены принципы квантовой механики по отношению к атомному ядру, произвела огромное впечатление. Это был принципиально новый и смелый шаг в науке. Гамов сразу приобрел популярность как за рубежом, так и на родине. В 1929 г. о нем даже вышла статья в газете «Правда», и там же были напечатаны стихи Демьяна Бедного о простом советском парне, разгадавшем атомные тайны.

> СССР зовут страной убийц и хамов
> Недаром. Вот пример: советский парень Гамов
> (Чего хотите вы от этаких людей?!)
> Уже до атома добрался, лиходей!!
> ...

Гамов впервые уехал из России в 1928 г. Вплоть до 1931 года он ежегодно приезжал в Москву на каникулы. Тогда же, в 1931 г., в Риме созывалась первая научная конференция по ядерной физике, которую организовывал Энрико Ферми, и Гамов был приглашен туда в качестве основного докладчика. Но его не пустили, и он на это обиделся. В 1932 г. Гамов при большой поддержке со стороны Ландау, который был с Гамовым в дружеских отношениях, стал членом-корреспондентом Академии наук СССР. Ему не было еще тридцати лет. Тогда же вместе с Ландау они хотели организовать Институт теоретической физики. Эту идею поддерживал курировавший науку Н.И. Бухарин, но у нее были и противники, в частности А.Ф. Иоффе, отчасти побоявшись ослабления своего института. В общем, из-за множества интриг с новым институтом так и не сложилось. Потом Ландау уехал преподавать в Харьков и создал уже там близкий по стилю институт, но это другая история.

По стилю работы Гамов заметно отличался от Ландау. Так, например, он не любил вычислений. Он их практически ненавидел. Ландау же, подобно Эйнштейну, напротив, всегда очень любил и ценил красивые вычисления, считая, что эта красота — один из критериев правильности работы.

Обидевшись, что его не пустили на конгресс в Рим, Гамов хотел покинуть Россию нелегально. Так Ландау рассказывал мне, что, когда они с Гамовым и его молодой женой в 1932 г. путешествовали, тот искал пути нелегально пересечь финскую границу, но, очевидно, безрезультатно. Сам же Ландау идею покинуть Родину никогда не поддерживал. Это даже привело к некоторому охлаждению их отношений. Более того, когда уже после отъезда Гамова из России Ландау встречался с ним в Институте Бора, то рассказывал мне и об этой встрече, и о самом Гамове с каким-то сожалением.

В сентябре 1933 г. Георгий Гамов получил приглашение в Брюссель, на Сольвеевский конгресс. Он, очевидно уже планируя остаться за границей, непременно хотел взять с собой жену. Одного его пускали на конгресс, а с женой — нет. С помощью Бухарина Гамову удалось добиться по этому поводу приема у Молотова, и Молотов принял его, что само по себе было исключительным случаем. Поездка планировалась сроком на две недели, и Молотов спросил Гамова: «Что, так уж вы две недели не можете пробыть без жены?» На что Гамов ответил, что жена исполняет обязанности его секретаря, и он без нее не может работать. Молотов обещал подумать. Но потом он уехал отдыхать, и, когда подошло время, оказалось, что Гамову дали только один паспорт для выезда. Он отказался его получать. В конце концов он довел чиновников Министерства иностранных дел до того, что ему выдали оба паспорта, и он уехал. Это не был еще окончательный отъезд — Гамов, оставаясь пока советским гражданином, оформил его как командировку, которую просил время от времени продлять, но всем было ясно, что возвращаться он не хочет. Такое поведение Гамова наложило определенный отпечаток на судьбу других русских ученых, в том числе П.Л. Капицы.

Гамов, оставаясь на Западе, поставил советским властям условие — паспорт, дающий возможность передвигаться через границу, как Капице. Известно было, что Капица, работая в Англии у Резерфорда, оставался советским гражданином, и со своим паспортом мог передвигаться через границы Европы. Но так как Гамов, выезжая, обманул Молотова, и это стало известно Сталину, было решено не только не продлять ему паспорт, но вызвать в Россию Капицу и больше его не выпускать.

Капица время от времени ездил на каникулы в Россию. И российский посол в Лондоне Иван Михайлович Майский каждый раз писал Резерфорду своего рода гарантийное письмо, что Капица беспрепятственно вернется. В 1934 г. посол сказал Капице, с которым был в дружеских отношениях: «Ну зачем мы будем писать этому лорду письмо. Он его и читать не станет, а нашу страну это дискредитирует». Капица послушал посла, и первый раз за все время согласился поехать без такого письма.

У этой интриги была еще одна сторона. В то же самое время в Англии случайно оказался известный разведчик Рудольф Абель[5]. Старшим резидентом НКВД в Лондоне в то время был Александр Орлов, и он попросил Абеля уговорить Капицу поехать в Москву. Абель, имевший техническое образование, интересовавшийся физикой и водивший с физиками знакомства, с Капицей поговорил. В итоге всех этих разговоров Капица

---

[5] Он взял имя и фамилию умершего друга, его подлинные — Вилли Фишер.

в сентябре 1934 г. вернулся в Россию, и там уже через пару дней ему сообщили, что больше он в Англию не уедет.

Гамов тем временем нервничал — у него в 1934 г. кончался срок действия паспорта. Он многократно обращался с просьбами продлить его, но получил отказ. Именно тогда он принял решение окончательно остаться на Западе. В Европе у него возникли сложности с получением работы, и в конце концов он принял приглашение из США, из Университета Джорджа Вашингтона. Там он проработал 22 года. Как я говорил выше, Гамова долго не допускали до участия в атомном проекте, но потом его друг Эдвард Теллер его туда все же устроил, и он работал во второй, водородной части американского проекта. В 1956 г. Гамов переехал в Боулдер, там он жил, работал уже до самой своей смерти. Над университетским городком в Боулдере возвышается корпус — «башня Гамова».

Русский физик Георгий Гамов за свои работы должен был получить не одну, но три Нобелевских премии. Это не вызывает ни малейших сомнений. Первую — за свои работы по альфа-распаду, которая, безусловно, заслуживает Нобелевской премии. Вторую — за модель «горячей вселенной», предложенной им в 1953 г. В 1978 г. премию за аналогичную работу получили два американских физика, но Гамов предсказал подобные результаты гораздо раньше. Третью же премию Гамов должен был бы получить за работу по расшифровке кода ДНК.

Эта работа лежит, скорее, в области биологии, но это только доказывает широту научных интересов Гамова. Когда была выяснена структура ДНК, возник вопрос, каким образом там записывается информация. В основе ДНК лежат 4 азотистых основания, которые периодически чередуются в двойной спирали. Оказалось, что каждое основание — буква, и Гамов практически показал, как расшифровывается этот код. За это тоже впоследствии была присуждена премия, и тоже не ему.

Таким образом, несмотря ни на какие политические выкрутасы, среди ученых Гамов по праву занимает большое и значимое место. Истории известны выдающиеся русские интеллигенты, жившие на Западе, и тем не менее пользующиеся на Родине должным почетом и уважением. Ярчайший пример — И.А. Бунин. В области науки Гамову по праву должно принадлежать аналогичное место.

МОЙ УЧИТЕЛЬ

Как создавалась школа Ландау

В 1932 г. Ландау переехал из Ленинграда в Харьков. Кроме руководства теоретическим отделом в Украинском физико-техническом институте он начал и преподавательскую работу (сначала в Физико-механическом институте, а затем в Университете). К преподаванию он относился не просто серьезно, а рассматривал как важную миссию своей жизни. За это друзья сразу назвали его Учителем. Программа физико-математического образования в университетах в то время содержала много анахронизмов. Некоторые из них сохранились еще с XIX века.

Курс теоретической механики читался в течение двух лет. Формулы удлинялись до неудобочитаемых размеров, поскольку не использовалось векторное исчисление. Первая революция, которую Ландау произвел, — курс теоретической механики был упразднен, и вся механика излагалась в течение полугода как часть курса теоретической физики. Естественно, что такие нововведения не могли вызвать большого энтузиазма у многочисленной группы преподавателей теоретической механики. Ландау нажил себе таким путем немало врагов. Его новаторские идеи распространялись также на математику и преподавание других дисциплин. Он, как человек общественно поляризованный, считал, что его идеи реформирования образования необходимо распространить на всю страну, и начал шаги в этом направлении.

В 30-е годы Н.И. Бухарин, после того, как он был выведен из Политбюро, был назначен главным редактором газеты «Известия» и по совместительству руководил Советом по науке. Ландау решил изложить свои идеи Н.И. Бухарину и встретился с ним в Москве в конце 1935 г. К тому времени Н.И. Бухарин закончил писать Сталинскую Конституцию, и у него было время подумать об образовании. Он внимательно вник в идеи Ландау, одобрил их и, естественно, много говорил о Конституции. Он предложил Ландау написать статью для «Известий», что тот и сделал. В результате 23 ноября 1935 г. появилась статья Ландау «Буржуазия и современная физика». Эта статья, несмотря на «революционную фразеологию» интересна и в наше время. По возвращении с этой встречи Ландау оставался под сильным впечатлением от беседы с Бухариным. Особо сильное впечатление на него произвели обещанные народу свободные выборы. В начале 1936 г. он своему другу Н.Н. Мейману с усмешкой говорил: «Неужели Сталин не понимает, что при свободных выборах его никогда не изберут?» Ландау поверил в свободные выборы? Или, используя его любимое выражение — «попался на удочку классового врага».

А ведь он нас всех предупреждал: не попадаться!

Наступил 1937 год, известный как «год большого террора». В Харькове начались аресты. В Харьковском ФТИ среди арестованных был и ближайший друг Ландау физик-экспериментатор Лев Шубников, который уже имел за своими плечами открытие в физике металлов, носящее его имя. Самого Ландау уволили из Харьковского университета. Стало ясно, что оставаться дальше в Харькове опасно. И здесь, как нельзя кстати, было получено приглашение от П.Л. Капицы возглавить теоротдел в его институте в Москве. Ландау переехал в Москву, а в Харькове тем временем начались преследования его молодых сотрудников. Первой жертвой стал самый яркий среди них — И. Померанчук. Он был исключен из комсомола «за связь с Ландау». На общем собрании в Харьковском университете ректор, говоря о Померанчуке, заявил: «Нам не нужны такие *виндеркунды*». Померанчуку и еще нескольким ученикам Ландау удалось сбежать из Харькова в Москву и устроиться в Кожевенный институт преподавать физику. Через год Померанчук представил в ученый совет Кожевенного института для защиты кандидатскую диссертацию, содержащую решение оригинальной задачи из области релятивистской квантовой механики. Защита проходила на общеинститутском ученом совете, где большинство составляли специалисты кожевенной промышленности и преподаватели марксизма. Последние попытались критиковать работу Померанчука. Дискуссию остановил ректор института, бывший дипломат, сказав: «Прошу помнить, что заниматься теоретической физикой — это не кожу дубить». Через несколько лет И. Померанчук занял в теоретической физике ведущую позицию и возглавил теоретический отдел в Институте теоретической и экспериментальной физики, организованном А.И. Алихановым. Этот отдел был фактически филиалом теоротдела Ландау.

Самого Ландау «карающий меч» все-таки настиг уже в Москве. За неделю до первомайской демонстрации 1938 г. он был арестован по обвинению в подготовке активных контрреволюционных действий. Целый год он содержался в Лубянской тюрьме и был освобожден по ходатайству П.Л. Капицы, взявшего его на поруки. «Дело Ландау» было закрыто лишь в 1990-м году. Его друг Лев Шубников, арестованный в Харькове в 1937 г., был расстрелян через три месяца после ареста.

Вернемся к харьковскому периоду жизни Ландау. Лекции, которые он начал читать в Харьковском университете, сразу же привлекли к себе внимание студентов. Можно себе представить очарование, которое вызывала личность Ландау. К тому же это было время, когда теоретическая физика пожинала плоды своего золотого века. Квантовая механика уже была создана, но оставалось широкое поле для ее приложений. В частности, та область, которую мы называем квантовой теорией твердого тела, только начинала развиваться. Общительность и доступность Ландау, его постоянная готовность обсуждать физические проблемы — все это сразу привело к образованию кружка молодых физиков и студентов, желавших работать с ним. Однако не все из них имели достаточную подготовку в теоретической физике, Ландау видел это. Он уже тогда хорошо представлял себе теоретическую физику как некую единую науку, имеющую свою логику, которую можно сформулировать на базе некоторых общих принципов. Эти идеи он воплотил в форме курса теоретической физики, написанного совместно с Е.М. Лифшицем. План курса теоретической физики был оформлен Ландау в виде программы теоретического минимума, включавшей также и ряд математических разделов, знание которых необходимо каждому физику-теоретику. Теперь молодые люди, желавшие работать с Ландау, должны были сдать ему экзамены по программе теорминимума, который позже, уже в Москве, в Институте физических проблем П.Л. Капица шутя назвал «техминимумом».

Хотя о теоретическом минимуме Ландау уже не раз писалось, я здесь останавливаюсь на его истории потому, что создание теорминимума послужило основой для возникновения того, что называют школой Ландау. Практически все его ученики и сотрудники, образовавшие эту школу, прошли через теорминимум. Школа Ландау возникла не стихийно, она была задумана, запрограммирована, как теперь говорят, и теорминимум стал механизмом, позволявшим производить в течение многих лет селекционную работу — собирание талантов. Из школы Ландау вышло много известных советских физиков-теоретиков. Некоторые из них возглавили после другие школы, придав им свой, специфический характер. Постепенно с развитием теоретической физики школа Ландау также эволюционировала. Однако мне сначала хотелось бы остановиться на стиле работы Ландау и его учеников в первые послевоенные годы, когда мне посчастливилось у него учиться и сотрудничать с ним.

Прошу читателей извинить меня за некоторые подробности личного характера, которые мне придется привести, но они, как мне кажется, дают некоторое представление о стиле работы Ландау. Впервые я познакомился с ним осенью 1940 г., когда приехал к нему в Институт физических проблем (ИФП) с письмом от моего первого учителя — профессора Днепропетровского университета Б.Н. Финкельштейна — для сдачи теоретического минимума. В два приема, осенью 1940 и весной 1941 г., я его сдал. У нас в Днепропетровске студенты-физики знали о теорминимуме. Студенты более ранних выпусков ездили в Харьков, где готовили дипломные работы и сдавали теорминимум. Преподавание теоретической физики в Днепропетровском университете строилось на основе харьковских лекций Ландау. Можно сказать, не боясь штампа, что слава Ландау тогда уже гремела. Как я уже писал, после сдачи мною последнего экзамена Ландау дал мне рекомендацию в аспирантуру. Но началась война, которая помешала мне сразу начать учебу. Осенью 1945 г. я был зачислен в аспирантуру Института физических проблем, и с той поры до дня трагической катастрофы, в которую попал Ландау в январе 1962 г., тесно сотрудничал с ним.

Ландау лично вел учет сдающих экзамены теорминимума. Отмечалась только дата сдачи того или иного экзамена, отметки не выставлялись. В особых случаях ставились восклицательные либо вопросительные знаки. Если у сдающего набиралось три вопросительных знака, то он считался непригодным для занятий теоретической физикой. Наступал самый неприятный момент — надлежало объявить ему об этом. Экзамены принимали ближайшие сотрудники Ландау, за исключением самого первого экзамена по математике, когда Ландау лично знакомился со сдающим. Наиболее неприятную функцию объявления сдающему экзамены о его непригодности к занятиям теоретической физикой Дау всегда брал на себя. Можно себе представить, что значило для начинающего физика-теоретика услышать от Ландау, что он не рекомендует ему заниматься теоретической физикой. Как-то я сказал Ландау, что он жестокий человек, поскольку считал, что для доброго человека такая обязанность была бы не по силам. Ландау возмутился, выбежал от меня и долго в коридоре ИФП всем встречным говорил: «Вы подумайте, Халат говорит, что я жестокий человек!» Кстати, как-то я спросил Дау, как он поступал в тех случаях, когда у него проходили чувства к женщине. Он ответил, что прямо ей об этом объявлял. Я опять сказал, что так поступать жестоко. Да и в главном — в научных дискуссиях — Ландау не деликатничал и давал резкую оценку работ даже весьма почтенных теоретиков. Так, до 1957 г. он был не очень высокого мнения о работах Джона Бардина и часто высказывал это на семинарах: «Мы знаем, что может Бардин!» Лишь после создания теории сверхпроводимости и получения Бардиным второй Нобелевской премии он признал высочайший класс этого теоретика. С другой стороны, в повседневной жизни Ландау был очень деликатным и вежливым человеком. Мог на улице незнакомому человеку подробно и долго объяснять, как пройти по нужному адресу. Возмущался, когда грубо отвечают на ошибочный телефонный звонок.

Каждый четверг в конференц-зале ИФП собирался семинар Ландау. Для его учеников, которые работали в теоретическом отделе ИФП и в других институтах, где они сами уже возглавляли теоретические отделы, посещение семинара Ландау было обязательным. То был один из неписаных законов, который строго соблюдался, хотя, естественно, никакого учета посещаемости не велось. Семинар всегда начинался точно в 11.00. Но обычно все приходили заранее. Когда до начала оставались одна-две минуты, и почти все участники семинара, а их было примерно 10–12, уже сидели на сцене за прямоугольным столом, Ландау шутя говорил: «Осталась еще одна минута, подождем, может быть, Мигдал придет» — и, как правило, тут же открывалась дверь и появлялся А.Б. Мигдал. Эта шутка нередко повторялась, она стала как бы неотъемлемой частью своеобразного семинарского ритуала.

На семинаре делались доклады и об оригинальных работах, но чаще реферировались статьи из наиболее авторитетных физических журналов. Каждый из участников семинара, когда до него доходила очередь в алфавитном порядке, обязан был явиться к Ландау с очередным номером журнала, чаще всего «Physical Review». Лев Давидович просматривал журнал и отмечал галочками статьи, которые ему представлялись интересными. Его научные интересы не ограничивались какой-либо одной областью, поэтому среди избираемых для доклада были статьи из всех областей физики — от физики твердого тела до общей теории относительности. Иногда отобранные статьи были посвящены очень узким, специальным вопросам физики твердого тела — о таких статьях Ландау говорил: «Ну, это о квасцах!». Однако и статьи о «квасцах» рассматривались на семинаре так же внимательно, как и статьи, посвященные фундаментальным проблемам квантовой теории поля. Ландау любил физику во всех ее проявлениях.

Задача, стоявшая перед докладчиком на семинаре, была не из легких. Он должен был с полным пониманием изложить содержание многих отобранных статей. Подготовка реферата требовала большой затраты труда и немалой эрудиции. Никто не мог сослаться на свою некомпетентность в каком-либо вопросе для оправдания невозможности прореферировать ту или иную статью. Здесь-то и сказалась универсальная подготовка, которую давал теорминимум. Ландау был универсалом в теоретической физике и того же требовал от учеников.

До тех пор, пока у Ландау или других участников семинара оставались вопросы, докладчик не имел права покинуть «арену». Далее Ландау оценивал результаты, полученные в прореферированной статье. Если результат был выдающимся, то его вносили в «Золотую книгу». Если при обсуждении статьи возникали интересные вопросы, требовавшие дальнейшего исследования, то эти вопросы записывались в тетрадь проблем. Эта тетрадь регулярно велась до 1962 г., и из нее молодые физики черпали задачи для серьезных научных исследований. Некоторые статьи объявлялись «патологией». Это значило, что в статье либо в постановке задачи, либо в ее решении нарушены принципы научного анализа (естественно, речь шла не об арифметических ошибках). Сам Ландау физические журналы не читал, и таким образом семинар превращался в творческую лабораторию, в которой ученики Ландау, делясь с ним научной информацией, учились у него глубокому критическому анализу и пониманию физики.

С годами круг докладчиков постепенно расширялся за счет молодых физиков, сдавших теорминимум. Теперь участники семинара уже не помещались за столом на сцене и заполняли весь зал Института физических проблем. Тот, кто сдал теорминимум, приобретал определенные права и обязанности. Он приобретал право на поддержку и заботу со стороны Ландау, но за это был обязан готовить рефераты для семинаров. И если докладчик на семинаре не мог толково ответить на вопросы, касавшиеся содержания реферируемого материала, или не умел ясно излагать свои мысли, ему приходилось нелегко. Иногда такой неудачник (что бывало, правда, очень редко) исключался из списка докладчиков, то есть лишался права выступать с рефератами статей. В атмосфере, которая окружала Ландау, это воспринималось как своеобразная высшая мера наказания. Такого теоретика Ландау презирал и немедленно лишал своей поддержки. Он как бы не замечал больше этого человека.

Не все заседания семинаров посвящались рефератам. Заслушивались также и доклады об оригинальных работах. В качестве докладчиков выступали как ученики Ландау, так и физики из других институтов и городов, желавшие обсудить свои работы. Как правило, еще до семинара с работой знакомили Ландау, и, если он находил ее интересной, она допускалась на семинар. Сам Ландау обо всех своих работах докладывал на семинаре.

Сделать доклад на семинаре было трудно, но почетно. Докладчик подвергался, что называется, допросу с пристрастием. Слушателям разрешалось его перебивать. Это был скорее даже не доклад, а диалог между докладчиком и аудиторией во главе с Ландау. Нередко в ходе доклада выяснялись различные ошибки и пробелы в логике, несогласованность отдельных предположений, лежавших в основе работы. Ландау обладал выдающимся критическим умом. Поэтому критика Ландау всегда помогала выяснить истину. Если автор работы преуспевал с докладом на семинаре, то можно было считать, что его работа действительно логически непротиворечива и содержит новые результаты. Поэтому так велико было среди теоретиков желание доложить свою работу на семинаре Ландау. Докладчик иногда получал нелицеприятную оценку своего труда, причем на самом высшем уровне.

Критический анализ научной работы важен в любой области науки. В теоретической физике его роль особенно велика. Работа в теоретической физике обычно представляет собой цепь логических построений, в которых могут быть допущены пробелы. Автор может в начале работы сделать предположения, справедливость которых в ее конце не всегда подтверждается. Часто эти предположения делаются не явно. Бывало, автор, безуспешно исчерпав все свои доводы, прибегал, как он считал, к «решающему» и ссылался на совпадение своих результатов с экспериментальными наблюдениями. Такой аргумент вызывал только смех аудитории, поскольку никакое совпадение теории с экспериментом не может оправдать отсутствие логики в работе физика-теоретика.

Обладая выдающимся критическим умом, Ландау был самокритичен. Хорошо известно, что он любил все классифицировать, в том числе и физиков, но в «табеле о рангах» для физиков отводил себе более скромное место, чем заслуживал. Когда я, восхищаясь критическим умом Ландау, однажды сказал ему об этом, последовал ответ: «Вы не встречались с Паули! Вот кто действительно обладал критическим умом!» Семинары в ИФП, благодаря своему творческому активному характеру, безусловно содействовали формированию школы Ландау.

Коснемся теперь того, как работал сам Ландау и как с ним взаимодействовали его ученики, так сказать, в индивидуальном плане. Основой всего для Ландау был его интерес к физике. Его рабочий день часто начинался с визитов в экспериментальные лаборатории на первом этаже Института физических проблем. Быстро пробегал по лабораториям, узнавал новости, задерживался там, где нужна была его немедленная теоретическая помощь. Ландау считал, что ответы на вопросы экспериментаторов должны пользоваться приоритетом перед другими делами теоретика. Он был готов прервать любое занятие, если к нему обращался экспериментатор, нуждавшийся пусть даже в небольшом расчете, который он сам не мог произвести. И именно из взаимодействия с экспериментаторами возникли многие важные работы Ландау. Достаточно сказать, что главный его шедевр — теория сверхтекучести — был создан в тесном повседневном сотрудничестве с П.Л. Капицей, который открыл и исследовал это явление.

Постоянная связь с экспериментаторами была столь же естественной и для ближайших сотрудников Ландау. Поступив в аспирантуру, я сразу же установил контакт с лабораторией жидкого гелия, где в то время очень интересные результаты получили В.П. Пешков и Э.Л. Андроникашвили. Накопившиеся у них результаты нуждались в объяснении. В частности, не было ясным наблюдавшееся явление вязкости в «безвязкой» сверхтекучей жидкости. Предварительные расчеты на основе теории Ландау давали качественное объяснение тому, что наблюдалось. Однако понадобилось некоторое время, чтобы убедить его в справедливости этих расчетов. Дело в том, что температурная зависимость кинетических коэффициентов в квантовой жидкости оказывалась весьма необычной и совершенно отличной от той, которая следовала из известной кинетической теории газов.

Для «экономии мысли» Ландау часто применял хорошо известные ему общие принципы, а все, что не укладывалось в эти принципы, отметалось с порога. Но всякий новый и нетривиальный результат заставлял его задуматься. Он в таких случаях вскоре сам своими методами либо получал этот результат, либо опровергал его. В данном конкретном случае Ландау заинтересовался задачей, и вскоре был найден путь точного решения кинетического уравнения для элементарных возбуждений в квантовой жидкости. Так возникла наша совместная работа, посвященная теории вязкости сверхтекучего гелия.

Такая схема взаимодействия Ландау с его учениками была в известной степени типичной. Молодой ученик находил задачу, проводил предварительные расчеты, и часто на самом трудном этапе в действие вступал сам Ландау с его мощной техникой. Иногда это был совет, а чаще всего — серьезный расчет. Но и это еще не значило, что Ландау разрешит включить свое имя в число авторов. Он был щедр и часто дарил свои расчеты. И лишь в том случае, если результат действительно того стоил и его вклад был велик, он соглашался стать соавтором. Очень характерно и то, что Ландау не давал задач своим ученикам, а аспирантам — тем для диссертаций. Они должны были их находить сами. Это приучало к самостоятельности и воспитывало в людях качества научных руководителей.

Другая важная подробность. Ландау никогда не делал того, что должен был, по его мнению, сделать сам ученик. Иногда после безуспешных попыток решить задачу ученик приходил за помощью к Ландау и слышал: «Это ваша задача. Почему я должен делать за вас?» Понимать это следовало так, что при известной затрате труда Ландау мог бы разобраться, однако не желает тратить на это время. Как правило, после категорического отказа Ландау помочь становилось ясно, что помощи уже ждать не от кого. Наступало просветление, и задача быстро решалась.

Остановлюсь на другом характерном примере сотрудничества с Ландау. Начало 50-х годов. Достигнут гигантский прогресс в квантовой электродинамике: фейнмановские диаграммы, устранение бесконечностей. Появилась новая техника в теоретической физике, которой Ландау не владел. В те годы я тесно сотрудничал с А.А. Абрикосовым, с которым мы совместно опубликовали немало работ. Физиков-теоретиков было еще немного, и, может быть, поэтому, а также и благодаря привычке читать журналы, мы были первыми в Москве, кто изучил работы Фейнмана и овладел релятивистской теорией возмущений. По молодости лет мы предприняли смелую попытку решить уравнения квантовой электродинамики точно. И была даже хорошая идея воспользоваться для этого свойством градиентной инвариантности теории. Мы начали расчеты, которые постоянно обсуждали с Ландау. И вот, когда уже были получены окончательные формулы для массы и заряда электрона, выяснилось, что из-за одного очень тонкого эффекта наша идея не срабатывает. И тут Ландау вступил в действие. Он предложил отбирать и суммировать наиболее важные диаграммы (члены ряда теории возмущений). Дальнейшее было делом техники, которой мы с Абрикосовым владели. Так возникла серия работ трех авторов, посвященная асимптотическому поведению функции Грина в квантовой электродинамике. В дальнейшем методы, развитые в этих работах, получили применение в статистической и других разделах физики.

Расскажу о теории, созданной Ландау, можно сказать, на моих глазах. Речь идет о теории квантовой Ферми-жидкости. К 1956 г. накопились экспериментальные данные о жидком гелии, состоящем из изотопа с $m = 3$ (He^3), которые не укладывались в картину идеального газа элементарных возбуждений. Однажды Ландау появился в моей комнате в ИФП и начал быстро писать на доске законы сохранения, вытекающие из кинетического уравнения для элементарных возбуждений. Оказалось, что закон сохранения импульса не выполняется автоматически. А на следующий день у него уже был ответ. Картина идеального газа для фермиевских возбуждений не проходила, необходимо было учитывать их взаимодействие с самого начала. Так возникла одна из элегантнейших теорий Ландау. Поскольку теория складывалась на наших глазах и обсуждалась поэтапно, у нас, его учеников, возникло чувство сопричастности к ее созданию. Совместно с А.А. Абрикосовым мы вскоре применили теорию Ландау для исследования конкретных свойств Ферми-жидкости. Хотя в то время у нас и возникло впечатление, что Ландау создал теорию на наших глазах, я все же думаю, что за всем этим стояла его домашняя подготовительная работа. Однако часто работы Ландау действительно возникали в результате импровизации. Такие импровизационные расчеты Ландау дарил тем, кто ставил перед ним задачу.

Работы Ландау отличала четкость и простота изложения. Он тщательно продумывал свои лекции и статьи. Как известно, сам он не писал своих статей. К этой ответственной работе привлекались его сотрудники. Чаще всего это делал Е.М. Лифшиц. Мне же посчастливилось писать с Ландау две его известные статьи, посвященные двухкомпонентному нейтрино и сохранению комбинированной четности. Ландау обдумывал и обсуждал со мной каждую фразу, и лишь найдя наиболее ясную формулировку, считал возможным зафиксировать ее на бумаге. Таким образом он не только оттачивал стиль изложения, но и попутно находил вопросы, нуждавшиеся в дополнительном разъяснении.

На нескольких приведенных примерах можно проследить, как работала творческая лаборатория Ландау. Во всяком случае, его взаимоотношения с учениками отнюдь не сводились к тому, что он «выдавал» идеи, которые ученики подхватывали и разрабатывали.

Когда в 1962 г., после автомобильной катастрофы, стало ясно, что Ландау уже не вернется к занятиям теоретической физикой, перед его ближайшими сотрудниками встала серьезная задача — сохранить школу Ландау с ее традициями. Хотя среди учеников Ландау были уже зрелые и крупные ученые, никто из них не смел и думать о том, чтобы заменить его в качестве лидера. Важнейшая и труднейшая задача состояла в сохранении лишь того высокого научного стандарта, присущего школе, в сохранении научного коллектива, который обеспечивал этот стандарт. Постепенно мы пришли к естественному заключению, что только коллективный ум может заменить могучий критический ум нашего учителя. Таким коллективным умом мог стать специальный институт теоретической физики. Эта идея получила поддержку руководства Академии наук СССР, и осенью 1964 г. Институт теоретической физики (ИТФ) был организован.

Институт образовался в составе Ногинского научного центра АН СССР, где в то время создавали Институт физики твердого тела. Было естественно, что институт вначале ограничивал свои задачи теорией твердого тела. Однако, как уже говорилось, самого Ландау и его школу всегда отличала универсальность. Постепенно в институте стали развиваться и другие направления: ядерная физика и квантовая теория поля, релятивистская астрофизика, физика плазмы. Был организован отдел математики и математической физики.

В таком институте широкого профиля главной проблемой было обеспечить взаимопонимание специалистов в различных областях физики. Приходилось считаться с тем, что век универсалов типа Ландау окончился. Физика стала столь обширной наукой, что универсальность оказалась возможна лишь в масштабах коллектива. Но в этом случае обязательно наличие у членов коллектива общего языка. Опыт развития теоретической физики в последние десятилетия показал решающее значение взаимного влияния различных областей физики. Приведем хорошо известный пример: методы, развитые в квантовой теории поля, сыграли определяющую роль в теории конденсированного состояния, и в частности, в решении проблемы теории фазовых переходов. Конечно, общий язык может быть достигнут лишь в небольшом коллективе тщательно подобранных специалистов. О том, что нам удалось достигнуть этого, говорят многие примеры. Остановлюсь лишь на одном. Совместными работами теоретиков и математиков ИТФ был достигнут значительный прогресс в квантовой теории поля и в теории сверхтекучести квантовой жидкости, которая состоит из атомов He^3 при сверхнизких температурах. В обоих случаях были эффективно использованы методы топологии. Этими успехами мы обязаны уже новому поколению теоретиков, выросших в стенах ИТФ. Появление этого нового поколения, так сказать, учеников учеников Ландау, или его научных «внуков», является залогом того, что дело, которому он себя посвятил, живет.

Штрихи к ненаписанному портрету математика

В математике Л.Д. Ландау ценил не теоремы существования, а эффективные методы, позволяющие решать конкретные физические задачи. Как пример «реальной» математики он всегда приводил метод Хопфа—Винера для решения интегральных уравнений, в которых интегрирование распространяется по полупространству. Этот нетривиальный метод, основанный на теории функций комплексного переменного, был применен Ройтером и Зондгенмером в середине 50-х годов для решения задачи об аномальном скин-эффекте, когда глубина проникновения электромагнитного поля в металл сравнима с длиной свободного пробега электронов. И поэтому в 50-е годы имена Хопфа и Винера были очень популярны среди физиков, занимавшихся квантовой теорией металлов. Ландау восхищался изяществом и эффективностью открытого ими метода.

Однако как-то незадолго до автомобильной аварии Ландау встретился с Н. Винером в Москве у П.Л. Капицы на завтраке. Н. Винер был в это время увлечен теорией информации, и разговор, который он вел за столом, на Ландау впечатления не произвел. Во всяком случае, после завтрака у П.Л. Капицы Дау вбежал в мою комнату в ИФП и произнес: «Никогда не встречал более ограниченного человека, чем Винер. Совершенно ясно, что он не мог придумать метод Хопфа–Винера. Этот метод явно придумал Хопф». На самом деле Дау употребил куда более сильные выражения.

Ландау недооценивал абстрактные области математики, не имевшие применения в физике в его время. Иногда он говорил мне в шутку: «Мы-то с вами знаем, что математика XX века — это и есть теоретическая физика». В то время я разделял эту точку зрения, однако спустя два десятилетия после Ландау методы современной математики — топология, алгебраическая геометрия, теория множеств — проникли в современную физику и эффективно используются при решении физических задач. Что сказал бы по этому поводу Ландау, я не знаю, но что он изучил бы новые методы и признал их, нет сомнения.

Ландау был высококвалифицированным математиком, он свободно владел методами теории функций комплексного переменного, теорией групп, теорией вероятностей и сам внес фундаментальный вклад в решение проблемы устойчивости численных методов интегрирования уравнений гидродинамики и теплопроводности (одновременно и независимо от фон Неймана).

Но следует сказать правду: некоторые новые методы теоретической физики он так и не освоил. Так, в начале 50-х годов мы с А.А. Абрикосовым, как уже рассказывалось, применили новые диаграммные методы Фейнмана в квантовой электродинамике для выяснения асимптотического поведения функций Грина при больших энергиях. Мы обсуждали эту задачу с Ландау, он быстро включился в идейную сторону задачи, и именно он подсказал нам идею суммирования наиболее важных диаграмм в ряду по логарифмам. Однако сам вычислений не производил, и, когда работа была закончена, он, с полным основанием будучи соавтором этой работы, сказал нашему общему другу: «Это первая работа, в которой я сам вычислений произвести не смог». Это говорил человек, который по праву считал себя до этого лучшим техником современной теоретической физики. Когда он себя называл чемпионом по технике, то объяснял, что это значит, что аккуратно сформулированную задачу теорфизики он бы решил быстрее других. По-видимому, следует здесь добавить, что задача должна была иметь решение в рамках известных ему методов.

В то же время Ландау считал вершиной в теоретической физике работу Л. Онзагера, в которой тот вычислил термодинамические характеристики так называемой двухмерной модели Изинга, включая точное решение задачи о фазовом переходе. Ландау признавал, что эту задачу он решить бы не мог. Так что оценки Ландау, которые он давал сам себе, не следовало понимать в абсолютном смысле. Они имели и свои самоограничения.

Искусство

Ландау много читал, любил живопись, увлекался кино. Будучи человеком рационального ума, он воспринимал только реалистическое искусство. В 50-е годы у нас были очень популярны книги немецкого писателя Эриха Марии Ремарка. Помню, как возбужден был Ландау, прочитав его книгу «Время жить и время умирать». Ремарк произвел на него очень сильное впечатление. Он часто восторженно повторял: «Вот это книга!» Ландау любил поэзию, многие стихотворения часто декламировал. Когда после аварии он пришел в себя и весной 1962 г. был переведен из 50-й больницы в Институт нейрохирургии, у нас у всех появились надежды. Там в улучшении его состояния, правда, ненадолго, происходил быстрый прогресс. Помню, как в Институте нейрохирургии он, сидя в кресле-каталке, читал мне стихи Н. Гумилева. Читал он их по кругу — одно стихотворение от начала до конца, затем снова повторял. По-видимому, имело место своеобразное зацикливание.

В середине 50-х были очень популярны наши молодые поэты. Среди них особенно выделялся своей гражданской направленностью Евгений Евтушенко. В Институте физических проблем был вечер поэзии Евтушенко, где поэт читал свои стихи, читал великолепно, и их социальное и гражданское звучание было исключительно сильным. Принимали Евтушенко очень тепло, долго не отпускали, просили читать еще. Однако в какой-то момент Евтушенко остановился и попросил аудиторию задавать вопросы. Никто не задал ни одного вопроса. Мы вовсе не считали, что Евтушенко может сообщить нам что-либо, чего мы не понимали бы сами. Мне передавали, что

Евтушенко был разочарован аудиторией. К сожалению, он не понял нашу реакцию на его стихи. Ландау был под сильным впечатлением от стихов и сказал мне: «Мы все должны снять шляпы перед Евтушенко». Может ли быть более высокая оценка для поэта-гражданина?

Вскоре был вечер другого хорошего поэта — Бориса Слуцкого. Его стихи по силе звучания в то время уступали стихам Евтушенко. Но по-человечески Б. Слуцкий был ближе к Ландау. Они познакомились, и Ландау в дальнейшем поддерживал теплые отношения с этим исключительно благородным и порядочным человеком.

Я уже говорил, что Ландау принимал только реалистическое искусство. Этому не противоречит то, что ему нравились художники-импрессионисты. Он очень любил Клода Моне. Однако Анри Матисса считал очень слабым художником. Он мне часто повторял: «Матисс — это маляр, ему бы только красить заборы».

В нашем кругу постоянно обсуждались новые фильмы. Это было время, когда мы открыли для себя итальянский неореализм. Все мы были под большим впечатлением от фильма «У стен Малапаги». Этот фильм некоторые не понимали. По этому поводу Игорь Евгеньевич Тамм сформулировал принцип, по которому отношение к этому фильму являлось тестом на интеллигентность. Только те, кому нравился этот фильм, признавались интеллигентными людьми. Ландау очень хвалил фильм Григория Чухрая «Баллада о солдате».

Ландау любил театр, в особенности МХАТ. Однако почему-то был невысокого мнения о таком, на мой взгляд, хорошем актере, как Анатолий Кторов.

А вот оперного искусства Ландау совершенно не воспринимал. Опера всегда была предметом его шуток. Вспоминалась им обычно известная пародия на оперу «Вампука». Такое резкое отношение логически следовало из требований реализма, как его понимал Ландау, не признававший никаких условностей. С его точки зрения, когда артист поет: «Я ее убил»,— это может в трагической ситуации вызвать только улыбку.

Остановимся здесь также немного на отношении Ландау к спорту. Он любил путешествия, отпуск проводил в поездке на автомашине, водителем которой был Евгений Лифшиц. Ездил в горы. Зимой катался на лыжах с Воробьевых гор, правда, друзья шутили, что он больше стоял па лыжах, рассматривая хорошеньких девушек, чем катался. Летом играл в теннис на кортах **ИФП**. Всем этим он занимался только для удовольствия, а не для достижения каких-либо спортивных результатов. Ландау в шахматы не играл, хотя знал правила. Считал игру в шахматы пустой тратой времени. В этом он расходился с П.Л. Капицей, который до конца своей долгой жизни увлекался игрой в шахматы и рассматривал эту игру серьезно, как форму самоутверждения.

Дау любил шутку. Любил анекдоты, знал их хоть и немного, но часто употреблял их в дискуссиях. Расскажу один из его любимых анекдотов, который служил хорошим примером логики «наоборот». Два человека спорят о том, чей ксендз более святой. Наконец приводится последний аргумент: наш ксендз такой святой, что с ним по субботам Илья Пророк играет в карты. Оппонент отвечает: «Ваш ксендз просто враль». На это следует ответ: «По-вашему выходит, что Илья Пророк может играть в карты с вралем?»

В начале 30-х годов Ландау переехал, как известно, из Ленинграда в Харьков. Это было время первых лет первой пятилетки. Повсюду пестрели плакаты и лозунги. Дау рассказывал, что в трамваях висели плакаты с таким текстом:

> В третьем решающем году
> Не прыгай в трамваи на ходу,
> А то к концу пятилетки
> Без отца останутся детки.

Дау часто повторял эти «стихи» и всегда при этом искренне смеялся.

Теория сверхпроводимости

В 1957 г. в Сиэтле (США) происходила международная конференция по теоретической физике. В конференции принимала участие небольшая делегация советских физиков, которую возглавлял Н.Н. Боголюбов. В нее входил ленинградский теоретик Г. Пикус. Вскоре после этой конференции на семинаре у Ландау Н.Н. Боголюбов доложил сенсационную работу, посвященную теории сверхпроводимости.

Явление сверхпроводимости было открыто в 1912 г. и оставалось загадкой. По непонятным причинам у металлов при очень низких температурах вблизи абсолютного нуля происходил переход в состояние, когда практически полностью исчезало сопротивление прохождению электрического тока. Над решением этой загадки бились физики многие годы. Н.Н. Боголюбов в своей работе, доложенной на семинаре, объяснил механизм исчезновения электрического сопротивления в металлах *при абсолютном нуле температуры*. При этом он использовал изобретенный им элегантный метод, известный теперь как «преобразование Боголюбова». Эта работа произвела на всех большое впечатление. Однако оставались не решенными две фундаментальные задачи — *о термодинамике и электродинамике сверхпроводников* (не буду входить в подробности).

Мы с А. Абрикосовым довольно быстро сообразили, как модифицировать «преобразование Боголюбова» для неравных нулю температур. В результате довольно напряженной работы в течение двух месяцев лета 1957 г. мы построили полную теорию, объяснявшую термодинамику и электродинамику сверхпроводников.

Эту работу мы доложили на семинаре у Н.Н. Боголюбова в Математическом Институте АН СССР (естественно, и на семинаре Ландау), и в течение некоторого времени мы были «героями» в кругах теоретиков.

Однако осенью того же года выяснилось, что участник конференции в Сиэтле Григорий Пикус привез оттуда фотокопию статьи трех американских авторов Дж. Бардина, Р. Шриффера и Л. Купера, в которой была построена полная теория сверхпроводимости, включавшая и результаты Н.Н. Боголюбова, и наши (правда, полученные другим методом). Г. Пикус был специалистом в области физики полупроводников, поэтому не придал значения этой работе. Когда же до Ленинграда дошли слухи о наших результатах, он обратил внимание на фотокопию и переслал ее нам[6]. К этому времени две статьи, написанные нами, были готовы к печати в «Журнале Экспериментальной и Теоретической Физики» (ЖЭТФ). И хотя наш подход сам по себе представлял методический интерес и заслуживал публикации, Е.М. Лифшиц, многолетний редактор журнала, настоял на том, чтобы мы забрали свои статьи из журнала.

Замечу, что английский теоретик Дж. Валатин повторил и опубликовал наши с Абрикосовым результаты.

Возвращаясь к нашему семинару у Н.Н. Боголюбова, хотелось бы сказать, что у меня осталось впечатление, что он был расстроен тем, что его многочисленные ученики и сотрудники упустили возможность развить его теорию.

---

[6] В 1957 году не существовало препринтов и информация о научных конференциях доходила в Москву очень медленно.

Две статьи, неопубликованные в ЖЭТФе, мы с Абрикосовым опубликовали в журнале УФН, в форме обзора современной теории сверхпроводимости. Статья содержала, кроме результатов трех американских авторов, и ряд оригинальных результатов, полученных нами. Замечу, что в книге Л. Ландау и Е. Лифшица «Электродинамика сплошных сред» теория сверхпроводимости излагается в духе нашей статьи. Таким образом, польза от нашей деятельности все же осталась. Да и советские теоретики изучали теорию сверхпроводимости не по работе 3-х американских авторов, получивших заслуженную Нобелевскую премию, а по нашей работе.

Наша с Абрикосовым работа по теории сверхпроводимости имела и «политические» последствия. Вот что написано в «Истории советского атомного проекта» (Том II) в 1999 г.:

«Новое "Дело", достигшее масштаба Всесоюзного скандала», приходится на 1958 г. и связано с публикацией в журнале "Успехи физических наук" (УФН) статьи учеников Л.Д. Ландау — А.А. Абрикосова и И.М. Халатникова "Современная теория сверхпроводимости". Возникла известная коллизия с приоритетом. Характерно, что ход делу дал инициативный документ, направленный в Секретариат ЦК (Е.А. Фурцевой) тогдашним секретарем дубнинского ГК КПСС А. Скворцовым, по мысли которого факт публикации статьи Абрикосова—Халатникова следует рассматривать как проявление «узкогрупповых интересов», наносящий серьезный ущерб престижу советской науки. Дубнинский ГК КПСС просил ЦК компартии "принять соответствующие меры". В делах по этой истории имеется: 1) Многостраничная выписка из постановления Общего закрытого собрания парторганизации института математики АН УССР, посланное спецпочтой; 2) Письмо, составленное от имени неназванных сотрудников отдела теоретической физики Математического института АН СССР в ЦК КПСС за подписью Е.Ф. Мищенко — тогда секретаря парторганизации. Авторы Отдела Науки ЦК КПСС (В.А. Кириллин и А.С. Монин), подготовившие заключение по данному вопросу не преминули особо отметить: "Абрикосов и Халатников — ученики академика Л.Д. Ландау, которые имеют ряд работ по теории сверхпроводимости, не содержащих однако каких-либо фундаментальных результатов (...) авторы широко и беззастенчиво рекламируют свои работы. Дубнинский горком считает..." Президиуму Академии наук со стороны ЦК было указано и предлагалось принять меры для укрепления редколлегии журнала "УФН"».

Замечу, что А. Абрикосов за одну из своих работ по теории сверхпроводимости (1957 г.), *«не содержащую каких-либо фундаментальных результатов»*, в 2003 г. получил Нобелевскую премию.

Можно только пожалеть бедную Екатерину Фурцеву, занимавшуюся «делом А.А. Абрикосова и И.М. Халатникова», без разрешения ЦК КПСС развивавших теорию сверхпроводимости.

Из впечатлений последних лет

Наш последний научный разговор состоялся в моем маленьком кабинете в ИФП в пятницу, 5 января 1962 г. Речь шла об особенностях в космологии. Ландау нравились полученные Е. Лифшицем и мною результаты. А 7 января случилась трагическая автомобильная катастрофа, после которой Ландау к занятиям наукой больше не возвращался.

О том резонансе, который имела автомобильная катастрофа, искалечившая Ландау, написано уже очень много. Как ученики и друзья спасали жизнь Ландау, тоже хорошо известно. Я хочу добавить лишь несколько подробностей, эпизодов, в которых принимал непосредственное участие.

Сразу после аварии Ландау находился в 50-й городской больнице. Состояние его было крайне тяжелым — отек мозга и глубокая кома. Лечила его комиссия Академии наук, созданная А.В. Топчиевым, во главе с членом-корреспондентом АН, бывшим при Сталине наркомом здравоохранения Н.И. Гращенковым. Но никакой особенной власти у этой комиссии не было, все держалось на личных связях. Так, например, когда после первых двух недель в больнице у Ландау началась агония, один из членов этой комиссии, Алим Матвеевич Дамир, сообразил, что для спасения жизни можно попытаться перевести Ландау на искусственное дыхание. Для этого была необходима дыхательная машина марки Энгстрем. Выяснилось, что в Москве было только две таких машины — одна в институте детского полиомиелита у профессора Л.М. Поповой, а другая, нераспечатанная, в Четвертом Главном Медуправлении Кремля. Я встретился с начальником этого управления, профессором Марковым и просил у него дать для спасения умирающего Ландау эту машину. Он меня внимательно выслушал, но машину дать отказал, поскольку больной Ландау не принадлежал к его контингенту. Он сказал: «А вдруг она понадобится пациенту из контингента?» Контингент — это были высокие государственные и партийные чиновники, для лечения которых и были созданы кремлевская больница и поликлиника. А Ландау на такое спецобслуживание претендовать не мог.

Тогда мы обратились к профессору Л.М. Поповой, которая нам не отказала, и очень громоздкая, почти неподъемная машина была практически на руках доставлена на пятый этаж 50-й больницы, где умирал не принадлежащий к «контингенту» Ландау. Его подключили к машине, и кризис удалось остановить.

Также возникали сложности с лекарствами. Кроме мочевины, которую по воздуху доставили из Лондона, требовались в больших количествах разные другие лекарства, многие из которых можно было найти только в Кремлевской аптеке. Однако рецепты, выписанные на имя Л. Ландау, в этой аптеке к обслуживанию не принимались, так как — «не наш контингент». Но и здесь нашелся нетривиальный выход. Мать моей жены, Ф.Е. Ростова-Щорс, была членом КПСС с дооктябрьским (ранее 1917 г.) стажем и имела право на обслуживание в данной аптеке, причем бесплатно. Все рецепты стали выписывать на ее имя, и таким образом решили проблему лекарств для не принадлежащего к контингенту Ландау. Комментарии, я думаю, излишни.

К концу второго после аварии месяца Ландау все еще находился в коме и не приходил в сознание. Было решено созвать международный медицинский консилиум. Для этого необходимо было решение Политбюро. Хрущева в этот момент (февраль 1962 г.) в Москве не было. Его замещал Фрол Козлов. Его сын был физиком. Поэтому я сочинил письмо о необходимости консилиума на имя Ф. Козлова. Это письмо подписал М.С. Келдыш, и через сына Козлова письмо попало тому лично в руки. Фрол Козлов дал команду созвать консилиум и разрешил впустить его участников в страну без въездных виз.

Таким образом уже через два дня в Москве собрался консилиум, включающий в себя двух французских нейрохирургов, знаменитого канадского врача Пенфилда и чеха Кунца. Мнения в консилиуме разошлись. Пенфилд, бывший самым авторитетным членом комиссии, предлагал делать операцию мозга. Без нее он предрекал Ландау растительное состояние. Два французских профессора колебались, не желая принимать на себя такую ответственность. Они попросили сутки на размышление. К счастью, как раз во время консилиума Ландау пришел в сознание, консилиум это зафиксировал, и операция была отменена. Позже Ландау был переведен в Институт нейрохирургии, где находился несколько месяцев, а затем уже более года лечился в больнице Академии наук.

Естественно, уход за ним везде был на должном уровне, но происходило следующее явление. Состояние Ландау улучшалось очень медленно, и врачи постепенно теряли к нему интерес как к больному. Жизнь его была спасена, председателя лечебной комиссии Н.И. Гращенкова принимали везде как героя, а остальные врачи уже не находили для себя интереса в лечении безнадежного в дальнейшей перспективе больного.

Уже к концу болезни Ландау в его семье появился хирург К.С. Симонян, вошедший в большое доверие к жене Ландау, Конкордии Терентьевне, или Коре. Он вряд ли мог что-то сделать для улучшения состояния Ландау, поэтому они с Корой в основном анализировали уже сложившуюся ситуацию и искали ошибки в истории его лечения. Постепенно это свелось к поиску виновных в том, что Ландау не вылечили. Они даже собирались написать книгу «Кто убил Ландау», основная идея которой была в том, что Дау можно было спасти, но его ученики не приложили к этому достаточно усилий. На свет эта книга так и не появилась.

Но в результате этой деятельности учеников Ландау, физиков, спасших ему после аварии жизнь, стали упрекать в том, что они-де не хотели привлекать больного Ландау к занятиям наукой. Это не имеет под собой никаких оснований. Больного Ландау было очень сложно привлечь к научным занятиям, он не желал разговаривать ни на какие серьезные темы, и всегда отвечал: «Вот поправлюсь, тогда и поговорим». Таким образом, втянуть его в сколько-нибудь серьезные научные беседы было невозможно. Была даже идея, что Е.М. Лифшиц будет приходить и заниматься с ним основами теоретической физики, но Ландау отказался об этом разговаривать.

По поводу его умственных способностей и возможностей в период болезни существуют разноречивые суждения. Когда через несколько месяцев после аварии его посетил психиатр и начал задавать ему вопросы, которые обычно задают умственно отсталым детям, то Ландау потребовал убрать немедленно «этого идиота». Все эти годы Ландау избегал разговоров о науке и встреч, ссылаясь на постоянную боль в ноге. Однако для меня делалось исключение. Обычно в конце встречи он просил меня приходить еще. Разговор, как правило, велся на уровне штампов, стандартных шуток, так что свежий человек не заметил бы ничего ненормального.

Есть лишь одна история, которая показывает, что весь этот вопрос не вполне ясен. В 1967 г. один мой приятель защищал в ИФП докторскую диссертацию. Диссертация была посвящена приближенным численным расчетам спектров электронов в металлах. Следует сказать, что в теорфизике во времена Ландау такие расчеты ценились невысоко, привлекало получение аналитической формулы. На заседания ученого совета ИФП Ландау обязан был приходить, поскольку Капица считал это полезным для поправки Ландау. Не знаю, насколько он был прав, но на каждый совет Ландау, с трудом передвигаясь, в сопровождении сиделки по фамилии Близнец[7] все же приходил. Зрелище было не из очень приятных. На этих заседаниях, так было заведено, у каждого было свое постоянное место, у Ландау третье кресло справа в первом ряду, я сидел рядом. И вот во время доклада соискателя, рассказывающего о своих численных расчетах, Ландау наклонился ко мне и шепнул, указывая на докладчика: «Обман трудящихся». Это была совершенно адекватная оценка работы, которую мог бы дать здоровый Ландау. «Обман трудящихся» было любимым выражением Ландау, которое он употреблял, когда имело место втирание очков. Теперь численные расчеты спектров стали обычным делом. Возможно, что, дожив до наших дней, Ландау изменил бы оценку работы. Кстати, данную работу и поныне цитируют.

22 января 1968 г. Ландау исполнилось 60 лет. В это время я был в далекой Индии. Капица решил дождаться моего возвращения, поскольку намеревался поручить мне организацию юбилея. 5 марта 1968 г. друзья Ландау собрались в Институте физических проблем, чтобы отметить юбилей Ландау. Настроение присутствующих было несколько грустным, чувствовалось, что мы прощаемся с ним. Меньше чем через месяц его не стало.

Последний раз я видел Ландау 31 марта 1968 г. после сделанной ему накануне операции по поводу паралича кишечни-

---

[7] Она действительно была одной из сестер-близнецов, и это было предметом шутки, которую Ландау часто повторял.

ка. Положение его резко ухудшилось. Меня и Е.М. Лифшица врачи вызвали в академическую больницу и сообщили, что начался некроз, и шансов спасти Ландау нет. Когда я вошел в палату, Ландау лежал на боку, повернувшись к стене. Он услышал, что я пришел, повернул голову и сказал: «Спасите меня, Халат». Это были последние слова Ландау, услышанные мною. Той же ночью он умер.

На следующий день после смерти Ландау А.А. Абрикосов и я встретились с вице-президентом Академии наук М.Д. Миллионщиковым. У него в кабинете мы написали некролог, начинавшийся такими словами: «Умер человек, составлявший гордость нашей науки». Затем Миллионщиков позвонил в ЦК, кандидату в члены Политбюро Б.Н. Пономареву, чтобы согласовать вопрос с похоронами. Во время этого разговора Миллионщиков повернулся к нам и спросил, где мы считаем нужным хоронить Ландау. Мы с Абрикосовым без тени сомнения ответили: «На Красной площади». Миллионщиков повторил в трубку: «Ученики хотят хоронить Ландау на Красной площади». Пономарев обещал подумать и сообщить решение ЦК по этому вопросу к концу дня. И действительно, к концу дня поступил ответ: хоронить на Новодевичьем кладбище, а некролог будет подписан Л.И. Брежневым и «всеми соратниками».

Мы, конечно, всерьез и не надеялись получить разрешение похоронить ученого Ландау, не принадлежащего к «контингенту», на Красной площади. Такая идея противоречила как самому образу Ландау, так и всем партийным традициям. Просто хотелось задать должный уровень и заставить членов Политбюро почесать затылки.

Похоронили Л. Ландау на Новодевичьем кладбище 3 апреля 1968 г. Шел мокрый снег. Я выходил с кладбища, рядом со мной шел А.Д. Сахаров. Оказалось, что у него не было машины, и я предложил подвезти его. В машине он мне сказал: «Спасая Ландау от смерти, вы подарили ему шесть лет жизни». Эти слова произвели на меня большое впечатление. Даже такие, полные страданий шесть лет, Андрей Дмитриевич считал подарком.

ИНСТИТУТ

Постановка задачи

Вскоре после того, как Лев Давидович Ландау 5 января 1962 г. попал в автомобильную катастрофу и получил очень тяжелые травмы, стало ясно, что он не сможет вернуться к занятиям наукой. Это потеря была невосполнимой для всей теоретической физики, потому что Ландау был главой большой школы, которая играла очень важную роль не только в отечественной, но и в мировой науке. Перед катастрофой Ландау заведовал теоретическим отделом в Институте физических проблем. Что собой представлял теоретический отдел? В то время в него входило шесть сотрудников: Евгений Михайлович Лифшиц, Алексей Алексеевич Абрикосов, Лев Петрович Горьков, Лев Петрович Питаевский, Игорь Ехиельевич Дзялошинский и я. Кроме того, у нас было несколько аспирантов, и среди них самый яркий — Александр Федорович Андреев[8].

В России в то время было несколько школ теоретической физики — Л.Д. Ландау, И.Е. Тамма, Н.Н. Боголюбова. Школа Ландау отличалась, во-первых, близостью к экспериментальной физике, во-вторых, широтой интересов. Те, кто работал с Ландау, обязаны были знать всю физику, а не какую-то узкую область ее. И наконец, в этой школе трудные задачи традиционно решались наиболее адекватными математическими методами. Вот основные черты школы Ландау.

Работы учеников Ландау было легко отличить от работ, сделанных, допустим, учениками Боголюбова. Специалист, открыв журнал, мог это сразу определить.

Школа Ландау не ограничивалась теоротделом в Институте физических проблем. Большая группа его учеников во главе с академиком И.Я. Померанчуком работала в Институте экспериментальной и теоретической физики, были ученики в Харькове, Новосибирске и других научных центрах.

После того, как Ландау ушел со сцены, его учеников стали приглашать в разные институты возглавить теоретические отделы. Возникла серьезная опасность, что от отдела теоретической физики и школы Ландау ничего не останется.

---

[8] Ныне А.Ф. Андреев — вице-президент РАН.

Как сохранить школу Ландау?

Это была серьезная проблема. Разумеется, Петр Леонидович Капица, который в свое время пригласил к себе Ландау работать, а после спас ему жизнь, вызволив из тюрьмы, очень ценил Ландау и его сотрудников. Однако к теоротделу он относился в некотором смысле утилитарно. Его в первую очередь интересовало взаимодействие теоротдела с экспериментальными лабораториями. А физики-теоретики имеют свои собственные задачи, которые выходят за рамки этих интересов.

В конце концов я пришел к убеждению: чтобы спасти школу, нужно организовать Институт теоретической физики. Каждый из нас, сотрудников Ландау, был специалистом высокого класса в своей области, однако никто не претендовал на то, чтобы заменить его. Но дело в том, что Ландау был не только выдающимся ученым, он обладал могучим критическим умом, в котором очень нуждается теоретическая физика. Это наталкивало на мысль попробовать собрать наиболее ярких его учеников в одном месте и создать нечто эквивалентное критическому уму Ландау.

Кстати говоря, в это время в стране была весьма популярна идея коллективного руководства. Вот и возникла мысль, чтобы коллектив, скажем, из 12–15 учеников Ландау, активно работающих в разных областях,— коллективный критический ум — мог работать так, как один Ландау. Отбирать и оценивать работы теоретиков.

Вместе с тем мы, несомненно, осознавали, что наш институт, Институт физических проблем — лучший в стране и в Академии наук и быть его сотрудником — большая честь. Кроме того, мы все привыкли к этому институту, как к родному дому, который оставить, естественно, очень трудно. Итак, идея созрела, но нужен был еще какой-то триггер.

Таким триггером послужил случай, произошедший весной 1963 г. Помнится, как раз в тот день я созвонился с известным американским физиком В. Панофским (создателем линейного ускорителя в Станфорде), он находился в Дубне, и договорился, что он выступит на очередном семинаре в среду у Петра Леонидовича. Я был секретарем на знаменитых «капичниках» и старался подбирать ярких докладчиков, которые представляли интерес и для Капицы, и для большой аудитории, собирающейся вокруг него. Поговорив с Панофским, я уехал —

повез свою младшую дочь на медицинский осмотр, чтобы получить справку для ее зачисления в английскую школу.

Когда я возвратился около трех часов дня, мне сказали, что меня разыскивает Павел Евгеньевич Рубинин, референт П.Л. Капицы. Петр Леонидович вернулся после обеда, и я ему срочно понадобился. Выяснилось, что в мое отсутствие к Капице приходила сотрудница института, ведавшая кадрами, с предложением принять на работу одного нашего аспиранта-теоретика. Петр Леонидович пожелал немедленно узнать мое мнение, а меня не оказалось. Надо признать, что Петр Леонидович не отличался в таких случаях большим терпением, но тут уж слишком разъярился и, когда я пришел, показал мне не подписанный приказ, в котором мне выносился выговор за отсутствие на работе. Я ему заявил, что такого терпеть не буду ни от кого, в том числе от него. Повернулся и собрался уходить. Петр Леонидович на моих глазах тут же порвал этот приказ, и мы никогда больше к этому не возвращались.

Удивительно, но П.Е. Рубинин впоследствии вспоминал, что не знает ни одного случая, когда Петр Леонидович писал или подписывал приказ такого рода в отношении руководящих сотрудников института.

Этот случай произвел на меня тяжелое впечатление. Я понял, что от таких эксцессов мы не защищены. Надо сказать, что Капица любил подшучивать над молодыми теоретиками. Это довольно естественно — существует некий комплекс в отношениях между экспериментаторами и теоретиками. Но иногда эти шутки были не совсем безобидными. Однажды, осенью 1961 г., незадолго до автомобильной аварии, Капица заявил на ученом совете: «Ну что ж, спроси теоретика и сделай наоборот». Я посчитал эту шутку довольно грубой и спросил Ландау: «Как вы это терпите? Петр Леонидович знает, кто он. Но все-таки даже он должен понимать, кто вы». Ландау тогда мне ответил: «Он спас мне жизнь, и я должен его прощать». Однако такую шутку, сказанную без Ландау, перенести было бы гораздо труднее.

Филиал или новый институт?

Буквально на следующий день после случая с разорванным приказом я позвал Абрикосова, Горькова, Дзялошинского, при этом присутствовал и Питаевский, и предложил: давайте создадим физико-теоретический филиал и выделимся из Института физических проблем. Не полностью, конечно — мы не мыслили своей деятельности без связи с реальной физикой. Поэтому я и предложил филиал.

В это время президент Академии Мстислав Всеволодович Келдыш был увлечен идеей создания вокруг Москвы научных центров «по типу Кембриджа и Оксфорда» — так мы все шутили и так воспринимали эту идею. В это же время Николай Николаевич Семенов организовывал новый научный центр в Черноголовке. Но надо сказать, что эту идею осуществить оказалось трудно, потому что столичные ученые первоначально не были настроены уезжать в Московскую область, а уровень провинциальных был не слишком высок. В этой ситуации и Келдыш, и Семенов понимали, что привлечение сильных московских физиков сулит этим центрам большие перспективы. Так оно и произошло. Кроме того, там же, в Черноголовке, академик Георгий Вячеславович Курдюмов вместе с Юрием Андреевичем Осипьяном, своим учеником, начали организацию Института физики твердого тела. Многие из нас были очень близки к этой области физики, и это подкрепляло мою идею перебазироваться в Черноголовку, поближе к Институту физики твердого тела, но как независимое научное учреждение — филиал Института физических проблем.

Я позвонил Николаю Николаевичу Семенову и сказал, что хотел бы с ним встретиться. Тот, конечно, мгновенно догадался зачем. Известно, что Николай Николаевич и Петр Леонидович были друзьями с молодых лет и дружили домами. В этом дуэте Петр Леонидович был старшим. Дело не в разнице в годах, а в том, что Николай Николаевич относился, я это знаю, с большим пиететом к Петру Леонидовичу и рассматривал его как старшего товарища.

Приехал я к академику Семенову домой. Его супруга Наталья Николаевна угостила нас чаем, мы сидели за большим круглым столом, разговаривали. Кстати говоря, стол этот был двухэтажный (такие есть во всем мире) — у него была внутренняя вращающаяся часть, на которую ставилось угощенье. Такое устройство оказывалось очень кстати в тех случаях, когда гость слишком нажимал на какое-то блюдо. Тогда Наталья Николаевна осторожно поворачивала вращающуюся часть стола так, чтобы отодвинуть от гостя это блюдо.

Разговор получился коротким. Николай Николаевич сразу загорелся нашей идеей и заявил, что поддержит наш план создать филиал Института физических проблем в Черноголовке. Заручившись такой поддержкой, я решил поговорить с Петром Леонидовичем.

Он явно не ожидал таких решительных действий с нашей стороны, но сказал, что готов обсуждать эту идею. И мы вскоре встретились втроем — Николай Николаевич, Петр Леонидович и я. Петр Леонидович также одобрил идею и решил, что мы будем продвигать ее. Однако спустя еще некоторое время неожиданно сказал, что передумал. Мне не оставалось ничего иного, как заявить: тогда мы выделимся в самостоятельный институт.

Я понял, что нам нужна более широкая поддержка, и позвонил Анатолию Петровичу Александрову, который, как известно, был директором Института физических проблем в то время, когда Петр Леонидович находился в опале. У меня было ощущение, что он ко мне довольно неплохо относится. Тогда академик Александров был директором Института им. Курчатова. Он мгновенно согласился меня принять и отнесся к нашей идее создать Институт теоретической физики с большим энтузиазмом. Он по своей привычке потер руки, прежде чем снять телефонную трубку, и позвонил академику-секретарю Отделения общей физики Льву Андреевичу Арцимовичу. Говорит: «Алло, Лев! У меня здесь Халатников. Теоретики, оказывается, хотят организовать свой цыганский табор. Надо им помочь». Авторитет Анатолия Петровича был очень высок, и Лев Андреевич сказал, что поддержит нас. Таким образом, у нас уже была поддержка Николая Николаевича Семенова, Льва Андреевича Арцимовича и Анатолия Петровича Александрова. Настала пора переходить от слов к делу. Петр Леонидович нас постоянно учил, а меня можно научить, я до сих пор еще не стыжусь учиться. Так вот, он всегда повторял: «Это только о любви на словах говорят, а о делах надо писать». И в данном случае я последовал этому совету. Письмо президенту Академии о необходимости создания Института теоретической физики на базе отдела теоретической физики Ландау было составлено, предстояло собрать подписи.

Я всю жизнь играл открытыми картами и считал бы непорядочным скрывать что-либо от Петра Леонидовича. Поэтому, конечно, сказал, что приготовил такое письмо. Он спросил, кто его подпишет. Я ответил, что Анатолий Петрович Александров, Николай Николаевич Семенов, Лев Андреевич

Арцимович. И, естественно, я решил привлечь Георгия Вячеславовича Курдюмова, а также Николая Михайловича Жаворонкова, который занимался организацией в Черноголовке нового химического института. Реакция академика Жаворонкова была весьма нетривиальна: «О! Я эту идею поддерживаю. В России всегда был дух коллективизма, даже в деревне — деревенская община, это очень глубоко в русском народе. Хорошая идея, вы продолжаете традиции деревенской общины». Николай Михайлович вообще был человеком доброжелательным.

Выслушав меня, Петр Леонидович сказал: «После того, как все подпишут, я тоже подпишу».

О мушкетерах

Дальше уже завертелась бюрократическая машина. Сначала вопрос решался на Президиуме Академии наук. (Насколько помню, заседание Президиума, на котором было принято решение о создании Института теоретической физики, происходило в день, когда был убит Джон Кеннеди.) После этого дело должно было поступить на рассмотрение Совета Министров.

Академия тогда еще не стала таким крупномасштабным учреждением, бюрократический аппарат был намного меньше. Организацией нашего института занимался там один человек — начальник планово-финансового управления Павел Гаврилович Шидловский, очень своеобразная личность. В то время руководить таким большим подразделением мог только член партии. Шидловский же был беспартийный, пожилой. Когда я приходил к нему в кабинет, то не раз заставал его поливающим цветочки. В общем, могло показаться, что он немного не от мира сего. На самом деле это был человек с мертвой хваткой. Он был постоянно связан с одним из помощников А.Н. Косыгина и мог серьезно влиять на развитие событий. Он тоже загорелся идеей помочь нам создать институт.

Наконец, это было уже в 1964 г., в начале августа, раздается звонок от помощника Косыгина. В то время Совет Министров не рассматривал организации институтов численностью меньше 500 человек. Мы, конечно, никогда не имели в виду создавать институт такого грандиозного размера — эти гигантские институты неработоспособны, неконтролируемы.

В Институте Петра Леонидовича было немногим более 200 человек. Помощник Косыгина был несколько удивлен тем, что в проекте общая численность института составляла 100 человек, из них 75 научных сотрудников. Вот он и спрашивает у меня: «Скажите, пожалуйста, а как обосновывается число — 75 научных сотрудников?» Я ему отвечаю: «Мы предполагаем иметь 15 секторов, и в каждом секторе по 5 человек. Если 15 умножить на 5, то будет 75». И почувствовал, что снял с его души огромный груз. Через несколько дней было подписано поручение А.Н. Косыгина Комитету по науке и технике и Президиуму Академии — создать такой институт. А 14 сентября 1964 г. появилось совместное постановление за подписью К.Н. Руднева — председателя Комитета по науке и технике — и академика М.Д. Миллионщикова, который в то время замещал Келдыша.

К слову сказать, Мстислав Всеволодович Келдыш с самого начала оказывал нам поддержку. Он, по-видимому, неплохо разбирался в том, кто есть кто в науке, и очень переживал ситуацию, когда, став президентом, лишился возможности заниматься наукой. Это делало его иногда человеком агрессивным. Но к нам он относился доброжелательно.

Дальше возникли проблемы с моим назначением директором института. Было очень сильное сопротивление в Отделе науки ЦК. Вначале даже Мстислав Всеволодович не мог преодолеть это сопротивление. Там не хотели даже обсуждать мою кандидатуру. Но в жизни, если у тебя есть группа единомышленников, пусть небольшая, но готовая сражаться до конца, ты можешь совершить любые, даже самые маловероятные вещи. Я уже рассказывал здесь историю про маршала Тухачевского и трех мушкетеров.

На этот раз три мушкетера были и у меня, это мои три товарища: Абрикосов, Горьков и Дзялошинский. Они (об этом я узнал позже) пошли к Келдышу и сказали, что новый институт, который он так поддерживает, будет создан только в том случае, если Халатников будет директором. В противном случае они в этом деле участвовать не станут.

В это же время произошло «историческое событие»: 14 октября состоялся знаменитый пленум ЦК, на котором сняли Никиту Сергеевича Хрущева. Среди обвинений против него, которые излагал Суслов, было и разрушение связей с Академией наук. На следующий день после этого пленума Отдел науки ЦК затребовал мое дело. (Опять корреляция с историческим событием.) В конце концов в начале 1965 г. согласие было получено, и я был назначен директором института.

«Если дети женятся, то не советуются с родителями...»

Приведу здесь выдержку из протокола № 134 Заседания Ученого совета Института физпроблем 26 января 1965 г.*

1. О соревновании пожарников.

М.П. Малков сообщил о решении райисполкома по поводу соревнования пожарников. Итоги довольно значительные. Снесено много сараев и деревянных гаражей. В соревновании участвовало 200 команд. Первое место заняла Калужская ТЭЦ. ИФП занял 3-е место и получил кубок 3-го разряда.

2. О назначении И.М. Халатникова директором Института теоретической физики АН СССР.

П.Л. Капица сообщил, что в пятницу 22 января Президиум АН СССР принял историческое решение о назначении И.М. Халатникова на уготованный ему пост.

М.С. Хайкин высказал пожелание, чтобы по этому поводу И.М. Халатникову был дан золотой шеврон.

П.Л. Капица продолжил, что директором быть нелегко, а организовать институт еще труднее. Таких институтов мало, это второй институт в Союзе. В Киеве организуется аналогичный. Есть еще Институт Бора в Дании и институт в Японии. Теоретический институт начал создаваться полтора года назад. Теоретики обратились к Н.Н. Семенову. Последний спросил мнение П.Л. Капицы, который отнесся сочувственно к этой идее. Если дети предпринимают решительные шаги в своей жизни, например, женятся, то они не советуются с родителями. Это традиция. Каждую новую организационную форму надо испытать. Особенно эту. Ведь теоретикам ничего не нужно, кроме письменного стола. Создать такой институт так же легко, как и потом... (пауза). Когда-то Галилей сам был и теоретиком, и экспериментатором и сам делал приборы. А в середине прошлого века теоретики стали самостоятельными. Еще Максвелл и Рэлей экспериментировали. А сейчас происходит дальнейшее деление, намечается 3-я фаза — конструкторы. В будущем они будут играть такую же роль, как и научные работники. Почти все крупные установки требуют большой конструкторской работы: ускорители, телескопы, радиотелескопы. Конструкторам надо не только иметь хорошее инженерное образование, но и понимать проблему, т.е. быть физиками.

---

* Архив ИФП РАН. Публикация П.Е. Рубинина.

При этом они будут равноценными членами коллектива. Если бы у нас не было сильного конструкторского отдела М.П. Малкова, то не было бы и гелиевого ожижителя на 250 л в день. Это оказалось возможным, потому что конструкторы работают вместе с нами и понимают наши задачи. Следует ли наш коллектив разделить на три части или лучше объединение по проблемам? У нас в стране есть разделение в области ускорителей. Есть специальное учреждение у Комара. А американцы решают проблему иначе. У них конструкторы работают в научно-исследовательских институтах и дают задачи промышленности. Лучше, когда они работают вместе с физиками. У нас это получается хуже и медленнее, так как наша промышленность неповоротлива в отношении специальных заданий. С.П. Капица хотел передать конструирование своих ускорителей Комару. Но получилось неплохо и со своими конструкторами. С теоретиками дело обстоит не так ясно. Л.Д. Ландау несколько раз предлагалось организовать отдельный институт, и он каждый раз отказывался. На каждого теоретика нужно 5–6 экспериментаторов, чтобы он решал их задачи. У нас были разные случаи. Иногда наши теоретики работали вместе с нашими экспериментаторами. Так было с промежуточным состоянием сверхпроводников, которое исследовал А.И. Шальников, опираясь на теорию Л.Д. Ландау. После открытия сверхтекучести Л.Д. Ландау дал теорию. Теория генерации и обнаружения второго звука в гелии была построена Е.М. Лифшицем, а потом В.П. Пешков его нашел. И.М. Халатников нашел объяснение температурному скачку между гелием и твердой стенкой. А.С. Боровик-Романов и И.Е. Дзялошинский обнаружили много интересных явлений в антиферромагнетиках. Были и случаи, когда такой координации не было. Харьковские теоретики нашли через 30 лет после открытия объяснение линейной зависимости сопротивления от магнитного поля. А.А. Абрикосов построил всеми признанную теперь теорию сверхпроводников второго рода, которая оказала большое влияние на развитие эксперимента в других странах. Гальваномагнитные явления исследовали наши экспериментаторы вместе с харьковскими теоретиками М.Я. Азбелем и И.М. Лифшицем. Важно, чтобы люди были связаны, не обязательно чтобы они работали в одном месте.

Как создается научная работа? Люди работают, встречаются, разговаривают друг с другом. Вдруг появляется идея. Потом все легко. За 1–1,5 месяца делается вся работа. Это происходит, как на охоте. Идет человек по лесу. Вдруг вылетает вальдшнеп. Вы стреляете, убиваете и жарите. А можно гулять несколько дней и ничего не подстрелить. Талантливый человек может быстро вскинуть ружье и выстрелить. Но нужны и хорошие угодья. Если нет дичи, то ничего не поймаешь. Что такое угодья для теоретиков? Экспериментальный институт или свой собственный? Жизнь показывает, что участие теоретиков в экспериментальной работе — это и есть процесс охоты, в котором вроде ничего не происходит, но дичь появляется. Отделившись, теоретики лишаются этих угодий. Конечно, можно приезжать в гости или заняться браконьерством. Посмотрим, что из этого выйдет. Бор сделал свои крупные работы, когда был в Манчестере. Его институт [в Копенгагене] был скорее учебным. Посмотрим, какое охотничье хозяйство создадут себе наши теоретики, какая будет продукция. Надо помнить, что это птенцы, которые вышли из нашего гнезда и вьют свое собственное. Пожелаем им счастья и удачи. Теперь И.М. Халатникову придется заботиться об этих птенцах. Добывать для них дома отдыха, заботиться об их детях. Думать о том, чтобы кукушка не подкладывала чужие яйца. Мы будем им всячески помогать. П.Л. Капица выразил мнение, что И.М. Халатников успешно справится с задачей.

И.М. Халатников поблагодарил П.Л. Капицу за его теплые слова. Он сказал, что теоретики всегда останутся птенцами Института физпроблем. Идея охотничьих угодий, конечно, всегда очень существенна. Но в Черноголовке тоже есть экспериментальные институты. В частности, есть большой Институт физики твердого тела. Там охотничьи угодья даже больше, чем здесь. Когда Л.Д. Ландау охотился один, то ему места хватало. А сейчас подросли новые охотники. Им нужен больший простор. Опыт работы Л.П. Горькова в Черноголовке показал, что даже при нынешних условиях там можно подстрелить неплохую дичь. За срок меньше года Л.П. Горькову удалось наладить контакты с экспериментаторами и сделать очень хорошую работу об электрических свойствах металлической пыли. Мы не хотим изоляции от экспериментаторов, а хотим иметь более широкую базу. Но в Черноголовке институты только строятся, и мы хотим, чтобы ИФП оставался для нас основной базой, чтобы теоретическое обслуживание института оставалось за нами. Пусть между нами будет договор, как договариваются о сторожевой охране. Конечно, мы понимаем все насчет кукушек. Там не только они, но и орлы тоже летают, но мы надеемся все это преодолеть.

В заключение И.М. Халатников еще раз поблагодарил П.Л. Капицу за помощь в настоящем и в будущем.

Ученый секретарь, доктор ф.-м. н.
А.А. Абрикосов

Как формировалась гвардия

Итак, мы начали собирать гвардию, из которой хотели создать костяк института. Вместе со мной из теоротдела пришли Абрикосов, Горьков, Дзялошинский. Питаевский остался в Институте физических проблем вместе с Евгением Михайловичем Лифшицем (в это время они продолжали писать курс Ландау — Лифшица, уже без Ландау). Мы, естественно, хотели, чтобы к нам присоединился мой аспирант (к тому времени защитившийся) Александр Федорович Андреев, но он был самым тесным образом связан с экспериментальными лабораториями. Его уход был бы очень чувствителен для Института физпроблем.

Мы пригласили В.Л. Покровского из Новосибирска, который уже с 1957 г. близко сотрудничал с теоретическим отделом Ландау, развивая идею масштабной инвариантности. В Черноголовку переехал из Киева Э.И. Рашба — специалист по физике полупроводников, а из Ленинграда — Г.М. Элиашберг, внесший существенный вклад в физику сверхпроводимости. Вскоре к нам присоединился А.И. Ларкин из Курчатовского института, а затем — А.Б. Мигдал. Из Минска был приглашен специалист по гидродинамике и лазерной физике С.И. Анисимов. Позже у нас стали работать В.Н. Грибов и В.Е. Захаров. Постепенно мы как бы заполнили все ниши теоретической физики, получив специалистов-лидеров в каждой из ее областей: физике твердого тела, ядерной физике и теории поля, физике полупроводников, теории фазовых переходов, гидродинамике, теории гравитации. В институте почти с самого начала стали работать два выдающихся математика — С.П. Новиков и Я.Г. Синай, которые обладают замечательным качеством — понимают язык физиков. Поэтому у нас получался полный ансамбль.

М.Я. Азбель из Харькова и И.Б. Левинсон из Вильнюса, присоединившиеся к нам через два года, были не только теоретиками высокого класса, но и очень сильными полемистами. Они заметно усилили «критический потенциал» команды.

Дальше мы уже расширялись за счет студентов физико-технического института, где с этой целью удалось создать кафедру проблем теоретической физики. Студенты, которые хотели поступить на нашу кафедру и работать с нами, должны были сдать все экзамены теоретического минимума Ландау.

На первых порах у нас в институте была установлена демократическая республика. Все вопросы, даже самые повседневные, решались коллективно на ученом совете, в который входили заведующие секторами, т.е., поскольку сектора были маленькие, все ведущие сотрудники. Скоро выяснилось, что такая бескрайняя демократия нежизнеспособна. У нас собрались крупные личности, характеры, и каждый желал высказать и отстаивать свою собственную, оригинальную точку зрения по каждому вопросу, что и привело к тому, что ни один вопрос нормально решить было невозможно. Как-то ко мне пришла делегация наших «сеньоров» и попросила прекратить обсуждения практических дел на ученом совете, оставив за ним право решать только научные вопросы. Так закончилась «демократическая эра».

В Академии наук существовала тенденция проверять, как научные сотрудники ходят на работу. Мне пришлось издать приказ, действующий и по сей день, в котором было написано, что в связи с недостатком рабочих мест (это чистая правда до сих пор) научным сотрудникам разрешается работать на дому. С самого начала я понял: чтобы создать хорошо работающий институт и проводить в нем правильную научную и кадровую политику, нужно поменьше спрашивать у вышестоящих. Поэтому у нас установился дружеский нейтралитет с высшим начальством. Я был директором института в течение 28 лет, и за все это время меня ни разу не пригласили в Отдел науки ЦК и не присылали оттуда или из другого учреждения такого рода никаких указаний. Я сразу решил, что могу брать ответственность на себя, кого принимать на работу, кого не принимать. В конце концов наверху к этому привыкли. И поскольку наш институт не создавал для них проблем, идеологических в частности, то они были довольны.

Надо сказать, что бюрократическая верхушка, так называемое начальство, не очень любит брать на себя ответственность —

это один из тормозов бюрократической системы. Они были счастливы, что ответственность за все решения я брал на себя, и закрывали глаза на то, что я делал не по канону. Думаю, что благодаря этому мы смогли добиться крупных успехов.

Прием на работу, прием в аспирантуру решался на ученом совете тайным голосованием. Правила были жесткие — будущий сотрудник должен был набрать две трети голосов списочного состава ученого совета. А так как сто процентов его членов присутствовало далеко не всегда, то на деле достаточно было одного-двух голосов «против», чтобы кандидатура не утверждалась. Такая строгая система отбора постепенно помогла создать сильный коллектив, в котором была исключительная рабочая атмосфера. Каждая работа докладывалась на ученом совете, поэтому все могли видеть, как человек работает. А кому не с чем было прийти на ученый совет, тот чувствовал себя не очень комфортно. Некоторым людям мы помогали перейти в другие институты.

Мигдал, не похожий на других

Ученик и сотрудник Ландау — это вообще синонимы, потому что его соавторы и сотрудники, все без исключения, могут называть себя и его учениками. Правда, имеется два исключения, когда применение этих терминов требует пояснения. Речь идет о двух ярчайших представителях школы Ландау — Аркадии Мигдале и Виталии Гинзбурге.

Учеников Ландау легко идентифицировать по списку, составленному Ландау в конце 1961 г. (накануне трагической катастрофы), в который он включил всех учеников, сдавших «теоретический минимум», начиная с 1933 г. Но названных мной выше двух имен в этом списке вы не найдете.

Об Аркадии Мигдале Ландау мне говорил, что тот был освобожден от сдачи «теоретического минимума» при поступлении в докторантуру Института физических проблем (1940 г.), поскольку приехал из Ленинграда в Москву уже зрелым физиком. Виталий Гинзбург был формально учеником И.Е. Тамма, однако тесно сотрудничал с Ландау. Результатом этого сотрудничества явилась популярная работа по теории сверхпроводимости, за которую он впоследствии получил Нобелевскую премию. Хорошо известно, что по стилю работ легко определить принадлежность авторов к школе Ландау. В этом смысле Мигдал легко узнаваем.

Хотя Аркадий Мигдал не опубликовал ни одной совместной работы с Дау, но его постоянное участие в семинарах и его дискуссии с Ландау на равных обеспечивали ему заслуженное место авторитета в окружении Ландау. У Аркадия с Дау отношения был дружескими, именно Ландау ввел в обращение ласковое имя «Миг». Друзья его называли также АБ. Шутки и розыгрыши, которые устраивал Миг на семинарах, широко известны и стали уже фольклором.

У меня создалось впечатление, что какой-то элемент ревности в их отношениях был. Это, конечно, чисто субъективное впечатление, и существовало оно на уровне интуиции. В знаменитой работе по теории сверхтекучести (1941 г.) имеется сноска, из которой следует, что предположение о существовании в сверхтекучем гелии бесщелевых элементарных возбуждений — «фононов» — было независимо высказано Мигдалом. Поскольку идея фононов является ключевой для теории, можно предположить, что Мигдал мог остаться не вполне удовлетворенным этой ссылкой. Хочу подчеркнуть, что ни Ландау, ни Мигдал этого вопроса в разговорах со мной не касались ввиду его деликатности.

Осенью 1945 г., когда я начал работать с Ландау в Институте физических проблем, Мигдала я уже там не застал. К этому времени он перешел в Лабораторию № 2 (ныне Институт им. И.В. Курчатова) по приглашению Игоря Васильевича. Мигдал был уже заметной фигурой в области физики атомного ядра. За короткое время вокруг него собралась большая группа талантливой молодежи, которая теперь представляет школу Мигдала в этой важнейшей области физики.

И.В. Курчатов был всецело поглощен свалившимся на него гигантским атомным проектом, из-за чего он был лишен многих радостей жизни, ему явно не хватало дружеского общения, поэтому дружба с АБ была той отдушиной, которая позволяла не только дела обсудить, но и пошутить и вволю посмеяться. Те, кто встречался с Игорем Васильевичем, помнят его молодые, озорные глаза.

Личность АБ оказала огромное влияние на его учеников, поэтому можно говорить о школе Мигдала. Его ученики также узнаваемы, как и ученики Ландау. Мигдал, естественно, был удовлетворен своим положением в «Курчатнике», но в конце 60-х годов, когда для ученых приоткрылись границы и им стали разрешать поездки за рубеж на международные конференции, а некоторым даже и на длительные сроки, у АБ возникла известная неудовлетворенность, так как он был лишен открывшейся возможности. Мигдал был натурой артистической, для него широкая аудитория была жизненно необходимым условием его творчества, поэтому невозможность поездок за границу переживалась особенно остро.

Сын АБ — Саша Мигдал — в это время уже был старшим научным сотрудником в Институте теоретической физики им. Л.Д. Ландау. Поэтому АБ хорошо знал «либеральные» порядки нашего Института. Конечно, выехать за границу из Академии наук было значительно легче, чем из Курчатовского института. Но даже среди академических институтов Институт Ландау отличался тем, что его сотрудники сравнительно свободно ездили в краткосрочные поездки за границу. Это во многом объяснялось тем, что атмосфера в Институте не позволяла парткому мешать поездкам людей за рубеж.

Однажды АБ обсуждал со мной свои проблемы, и мы пришли к заключению, что ему следует перейти в наш Институт. Примерно в это же время Володя Грибов также решил переехать в наш Институт. Таким образом, возникала возможность появления в Институте двух лидеров в области физики элементарных частиц. Конечно, проблемы АБ с выездом были лишь поводом для перехода в наш институт. В действительности здесь он приобретал партнеров и оппонентов равного себе класса. Переход Мигдала в Институт Ландау был формализован довольно быстро. Я позвонил Анатолию Петровичу Александрову, директору Курчатовского института, — этого требовали правила отношений между друзьями. Анатолий Петрович, естественно, немного огорчился, но понял, что переход АБ в интересах науки.

С появлением АБ заметно усилилась критическая атмосфера Института, в особенности на семинарах. Хорошо известно, какую роль в создании школы Ландау сыграли его четверговые семинары в «Капичнике», на которых Дау демонстрировал свою блестящую способность критического анализа. Но Ландау был выдающимся универсалом, одинаково владевшим всеми областями теоретической физики. Поэтому когда мы создавали Институт, то он, как говорилось выше, задумывался как «коллективный Ландау». АБ был широко образованным физиком, одинаково сильным в широком диапазоне — от физики ядра до электронной теории металлов. При этом он был способен быстро включаться в новые задачи. Все это сыграло важную роль в усилении творческой атмосферы в Институте. Но есть еще один аспект в жизни Института, где роль АБ была неоценимой. «Коллективный Ландау» представлял собой букет ярких личностей со сложными характерами. В Институте не было конституции, все решения принимались по прецедентам и на основе консенсуса. Хотя для всех лидеров интересы Института были превыше всего, потребность самоутверждения иногда очень удлиняла дискуссии при принятии решений. Авторитет АБ и сила его убеждения позволяли во многих случаях гасить пыл любителей дискуссии ради дискуссии. Поэтому АБ стал для меня одной из основных опор в Институте, он играл роль своеобразного стабилизатора.

В 1989–1990 гг., когда центробежные силы, которые действовали в стране, не обошли Институт, начавшаяся «утечка мозгов» сильно ударила по Институту. Я стал искать нетривиальные решения для того, чтобы затормозить этот процесс, хотя прекрасно понимал, что колесо истории остановить нельзя. Как раз в это время АБ серьезно заболел, и тут я почувствовал, как мне его не хватает. Я помню один из наших последних разговоров, когда мы возвращались после ученого совета домой. Он тогда мне сказал: «У меня очень нехороший результат анализов». Я понял, что мы его теряем.

АБ был необычайно разносторонней и творческой личностью. Он с одинаковой страстью занимался и теоретической физикой, и скульптурой в малых и больших формах, и профессиональным спортом. Он был одним из первых аквалангистов в стране. Круг его близких друзей был широк. Назовем такие имена, как физик Бруно Понтекорво, поэт Михаил Светлов, художник Дмитрий Краснопевцев, скульпторы Владимир Лемпорт и Николай Силис. Жена одного из моих сотрудников недавно вспоминала, что она, будучи маленькой и любопытной девочкой, часто встречала АБ в доме, где жили балерины Большого Театра. Сфера его «интересов» распространялась даже на балет.

Я уже говорил об остроумии АБ и его мастерских розыгрышах. В январе 1958 г. все мы были вовлечены в подготовку 50-летнего юбилея Ландау. Вечер, который мы ему устроили в «Капичнике», был нетипичным и для академической среды, и для того времени. Официальные адреса сдавались на вешалке, а сам вечер проходил в форме капустника, который вел АБ. Аудитория в течение нескольких часов непрерывно хохотала. Приятно вспомнить, что почти через 30 лет мне посчастливилось принять участие в организации 75-летнего юбилея АБ в кафе на Новом Арбате. На этот раз капустник вел я.

Шутки и розыгрыши были неотъемлемой частью общения в нашей среде. АБ был признанным мастером розыгрышей. Благодаря широкой огласке одного из розыгрышей, придуманного мной, у меня также была репутация человека, которого следовало остерегаться. Я знал, что люди, любящие разыгрывать других, сами часто боятся попадать в смешное положение. Лишь однажды я не удержался от соблазна разыграть АБ сравнительно «ласковым» способом.

Начиная с 1961 г., мы регулярно каждую весну проводили на горном курорте Грузии Бакуриани симпозиумы по сверхтекучести и сверхпроводимости. Все жили в так называемом «Доме физика», на котором базировалась лаборатория космических лучей, принадлежавшая Институту физики Грузинской Академии наук в Тбилиси. Директор этого Института Элевтер Луарсабович Андроникашвили был нашим общим с АБ близким другом. АБ был докторантом у Ландау, а Элевтер был докторантом у П.Л. Капицы почти в одно и то же время. Эти связи, собственно, и объясняют наше появление в Бакуриани. На Бакурианских симпозиумах горные лыжи и теоретическая физика были основными компонентами нашей жизни. АБ по своему характеру должен был быть первым везде, поэтому и горными лыжами он владел почти на профессиональном уровне.

В тот год АБ приехал в Бакуриани со своим давнишним другом Борисом Гейликманом. Жили они в одной комнате, а в соседней жил я с Алешей Абрикосовым. «Дом физика» находился на горе. Возвращаясь из поселка Бакуриани, мы иногда заходили в местный универсальный магазин, который большим изобилием не отличался. Там было лишь 3 предмета, привлекавшие внимание: большие портреты товарища Сталина маслом в золоченых рамах, длинные кухонные ножи и большие трикотажные женские панталоны. При виде всего этого созрел план розыгрыша. Я обсудил это с Алешей Абрикосовым, и мы приобрели самый длинный кухонный нож и лиловые панталоны. К этому набору необходимо было еще прибавить записку на грузинском языке, которую мы попросили написать молоденькую грузинскую дипломницу А. Абрикосова Риту Кемоклидзе. Текст записки состоял из одной фразы: «Ты ответишь за поруганную честь». Сложность состояла в том, что Рита не знала, как по-грузински «поруганная честь». Здесь-то уже начиналась комичность ситуации. Рита бегала по «Дому физика» и спрашивала у маститых грузинских ученых, как на грузинском языке будет «поруганная честь». Когда наконец все было готово, оба предмета с запиской были незаметно положены на дно сумки АБ, благо комнаты никогда не запирались.

На следующий день мы все возвращались в Москву. Как обычно, разбирая сумку АБ, его жена Татьяна Львовна с удивлением обнаружила «компрометирующие» АБ предметы и записку. Смущенный Кадя ничего внятного сказать не мог. Записка, которая могла бы что-то объяснить, была на грузинском языке. Решили обратиться к близким друзьям — Радам и Михаилу Светлову. Радам Светлова была грузинской княжной и язык знала. Поскольку по телефону прочесть не могли, поехали к Светловым. А там, как назло, оказался близкий друг Светловых и Мигдала — известный физик Бруно Понтекорво, также большой любитель шуток. Можно представить, какой стоял хохот и сколько остроумных шуток было произнесено после того, как Радам перевела злополучную записку. Розыгрыш удался, АБ оценил шутку.

Часто приходится слышать разговоры о богатстве академиков в годы советской власти. У академика Мигдала не было даже дачи. Вспоминаю, что с начала перестройки у меня, как директора Института, появилась некоторая свобода в расходовании средств. Воспользовавшись этим, я первым делом повысил зарплату всем сотрудникам Института в полтора раза. Получив первый раз дополнительные 250 рублей, Кадя сказал мне: «Исаак, я впервые почувствовал себя свободным человеком, у меня впервые появились карманные деньги».

Мне приятно вспоминать, что последние несколько лет своей жизни АБ чувствовал себя «свободным человеком» и я, хоть и в небольшой степени, был к этому причастен.

«Ландау — наш ученый или…?»

Мы все преподавали либо в университете, либо в Московском физико-техническом институте, и, таким образом, школа Ландау была построена на хорошо организованной системе отбора талантливых молодых людей и привлечении их в аспирантуру. Поэтому сразу же после организации института мы решили создать кафедру Московского физико-технического института с тем, чтобы наш институт был для него базовым и чтобы мы могли там отбирать студентов.

МФТИ был организован специальным декретом, подписанным Сталиным. Документ был секретный. Предполагалось, что там будут готовить специалистов, связанных с учреждениями оборонного значения. В то время, когда мы создавали свою кафедру, году в 65-м, этот шаг требовал решения Военно-промышленной комиссии Совета Министров.

У меня не было непосредственных выходов ни на Военно-промышленную комиссию Совета Министров, ни на Совет Министров. К кому обращаться? Оставалось аукать на Красной площади. Помог отец нашего студента Владимир Константинович Бялко, который вывел меня на генерала Назарова. Александр Александрович Назаров работал в Управлении делами Совета Министров у Косыгина и готовил всевозможные документы. Мы договорились, так сказать, о сценарии — как будем действовать. Естественно, за подписью Мстислава Всеволодовича Келдыша, президента Академии, в Совет Министров был направлен документ о создании кафедры в Московском физико-техническом институте. Дальше этот документ стал гулять по канцеляриям различных министерств. Периодически генерал Назаров мне сообщал, скажем, следующее: «Сейчас документ находится в Госплане; вам надо сходить к заместителю председателя Госплана такому-то, он вас примет». Я ходил и, как правило, всюду встречал доброжелательный прием. Самым «узким местом» оказалось Министерство финансов. Я получил информацию от Назарова, что Минфин подготовил отрицательное заключение на предложение Академии наук о создании нашей кафедры. Это было серьезное препятствие, но, как считал генерал Назаров, он найдет способ с ним бороться. А пока, по его совету, я попросился на прием к заместителю министра финансов Марии Львовне Рябовой, поскольку она курировала науку и культуру.

Это была невысокого роста хрупкая женщина. Когда я к ней пришел, она вызвала своего помощника. Помощник, огромный мужчина, пришел с отрицательным заключением. Основной мотив был: «Как же так, возникнет неконтролируемое совместительство». Преподавание предполагалось не в учебном, а в базовом институте. А как же нас проконтроливать, когда мы обучаем, а когда не обучаем?.. Выслушав этого самого чиновника, Рябова дала указание: «Перепишите и дайте положительное заключение».

Я до этого рта не открывал. Собираясь на прием, я, естественно, несколько нервничал и думал, как себя повести. Допустим, она скажет, что у нее уже отрицательное заключение — и все. На этой ноте закончить разговор будет как-то не очень удобно. Поэтому я решил так: возьму с собой книжку о Ландау, написанную Майей Бессараб, и при расставании с Рябовой, чтобы смягчить финал, подарю и скажу: «Вот книжка о Ландау, а мы — его ученики и создали институт, который будет продолжать его традиции». Неожиданно все решилось положительным образом, но я подумал, что и в таком случае преподнести книгу вполне уместно. Я сказал: «Вот книга о нашем учителе Ландау». И здесь последовала довольно неожиданная реакция. Рябова спросила меня: «Это наш ученый или зарубежный?»

Я вспоминаю этот свой визит к Рябовой даже с удовольствием, потому что она, несмотря ни на что, проявила уважение к науке и приняла правильное решение.

Мои же личные отношения с Физтехом, как иначе называется Московский физико-технический институт, имели долгую историю. В 1947 г. в МФТИ происходил первый набор студентов. Для приема вступительных экзаменов были мобилизованы молодые сотрудники физических институтов Академии наук и других организаций. Я тоже попал в их число. Предполагалось, что все экзаменаторы в дальнейшем станут по совместительству, на полставки, работать на кафедрах нового института. Но в сентябре 1947 г. выяснилось, что к преподавательской работе допустили не всех. Из списка были вычеркнуты двое — я и сотрудник И.В. Курчатова Андрей Михайлович Будкер. Надо сказать, что настоящее имя Будкера было Герш Ицкович, но Игорь Васильевич Курчатов для благозвучия сам придумал ему новое имя. Оба мы, и я, и Будкер, создали потом новые физические институты. А.М. Будкер является основателем Института ядерной физики, который в настоящее время носит его имя, в Новосибирском центре АН.

Но тогда, в 1947 г., нас просто выкинули из списков преподавателей МФТИ, и никаких объяснений мы, естественно, не получили. В мае 1948 г. я защитил в Институте физпроблем кандидатскую диссертацию, и в сентябре меня зачислили в МФТИ старшим преподавателем. Но мне удалось проработать только один семестр. В январе 1949 г. замдекана С. сообщил мне, что я не смогу продолжать преподавательскую работу в МФТИ, так как у меня нет допуска к секретной работе. Если учесть, что в Институте физпроблем мы как раз в это время заканчивали расчеты по первой советской атомной бомбе, и я имел все возможные допуски по самой высшей категории секретности, это прозвучало даже не как прямая ложь, а просто как издевательство. Я решил сообщить об этом «недоразумении» директору ИФП А.П. Александрову. Однако он не выразил ни особенного удивления, ни сочувствия и только посоветовал мне поговорить об этом с генералом А.Н. Бабкиным, который курировал наш институт. Последний также не возмутился учиненным в МФТИ произволом, и только сказал мне: «Да зачем вам с ними вообще иметь дело?"

Понятно, что и Александров, и Бабкин отлично понимали, что скрывалось за моим увольнением из МФТИ, но согласно существующим правилам не стали вмешиваться в происходящее в чужой епархии. Для меня же это увольнение было не только моральным ударом — мне отказали в доверии общаться со студентами — но и нанесло довольно заметный урон моему скудному в то время финансовому положению младшего научного сотрудника. Ничего сверх зарплаты я за выполнение спецзадания Правительства в Институте физпроблем не получал, в то время как преподавание давало бы заметную надбавку, равную половине моей зарплаты. Только в 1950 г. мой «самоотверженный» труд был замечен, и я был переведен в старшие научные сотрудники. А моя связь с МФТИ прервалась до 1954 г.

В 1952 г. я, как мне казалось, вполне успешно, защитил докторскую диссертацию. Однако почти целый год ВАК не утверждал меня в звании доктора физико-математических наук. В этот последний год жизни Сталина готовилась серьезная перемена в жизни общества, и ВАК, очевидно, не мог в этом неопределенном положении принять решение относительно меня.

В марте 1953 г. И.В. Сталин умер. 11 апреля 1953 г., почти одновременно с прекращением «дела врачей» меня, наконец, утвердили в звании доктора. ВАК, который как раз тогда перешел в ведение вновь созданного Министерства культуры, выдал мне диплом с замечательным номером 000002.

А к осени 1954 г. МФТИ тоже отреагировал, и я был зачислен на должность профессора кафедры теоретической физики.

Много лет я читал там общие курсы лекций. С удовольствием вспоминаю годы, тесно связавшие меня с моими студентами. Многие из них стали потом сотрудниками моего института, и многих я теперь часто встречаю в Академии наук.

Бескомпромиссная игра

Я уже говорил, что в юности увлекался шахматами и шашками. Интерес к шахматам я пронес через всю жизнь и здесь мое увлечение совпало с увлечением П.Л. Капицы и послужило нашему сближению. До его последних дней я оставался его постоянным партнером.

Типичная сцена: Ученый совет в «Капичнике», так многие любовно именуют Институт физических проблем, подошел к концу. Озабоченный текущими делами, направляюсь к выходу, и тут меня настигает голос Петра Леонидовича: «Исаак, что-то вы давно не приезжали ко мне играть в шахматы». Я успеваю понимающе кивнуть и слышу: «Значит, в субботу, в пять». Еще раз согласно киваю и на этом «диалог» оканчивается. На уик-энд все планы в сторону — надо отправляться на Николину гору. Петру Леонидовичу невозможно было дать уклончивый ответ: «с удовольствием, как-нибудь», или «хорошо, мы тогда договоримся» и т.п. Ехать нужно в субботу и прибыть на поединок без опоздания. О дисциплинированности П.Л. Капицы ходили легенды. Могу засвидетельствовать, что семинары в Институте физических проблем неизменно начинались и заканчивались с точностью до минуты.

Обычно за несколько минут до назначенного срока шахматы в его кабинете на втором этаже бывали расставлены, и Петр Леонидович поудобнее располагался в кресле. В эти минуты он мне напоминал ярого болельщика, нетерпеливо ожидающего начала матча своей любимой команды и заблаговременно занимающего место у телевизора.

Наши поединки часто продолжались до полуночи. За вечер мы успевали сыграть несколько партий. Между партиями делали перерыв минут на десять. В первых «раундах» успех чаще сопутствовал мне, но я почему-то уставал быстрее, хотя был моложе Капицы на четверть века, и Петр Леонидович всегда реваншировался. Вообще наши шахматные битвы напоминали многораундовые поединки боксеров-проффесионалов, этому впечатлению способствовало и то, что мы оба предпочитали острые позиции, не останавливались перед жертвами, азартно устремлялись в атаку.

П.Л. Капица подолгу не задумывался над ходом и не любил, если партнер оказывался тугодумом. Особенно когда на доске стояла острая позиция. Однажды во время игры он провозгласил свое шахматное кредо. (Вообще Петр Леонидович любил формулировать принципы, и они звучали для нескольких поколений учеников словно заповеди: «Чужими руками хорошей работы не сделаешь». «Хороший ученый когда преподает, всегда учится сам». «Чем лучше работа — тем короче она может быть доложена». «Ошибки не есть лженаука. Лженаука — это непризнание ошибок» и другие.) Мое затянувшееся размышление над ходом было прервано замечанием: «Исаак, а вы нехороший человек». Не успел я откликнутся самым естественным: «Почему?!», как он продолжал: «Вы обязательно хотите выиграть», и далее последовала формулировка нового «принципа Капицы»: «Шахматы не для того, чтобы выигрывать, а для того, чтобы играть!». Сам Петр Леонидович проигрывать не любил, и каждое поражение принимал близко к сердцу.

В день 75-летия его жены — очаровательной Анны Алексеевны, — я приехал поздравить ее и не предполагал играть в шахматы, но Петр Леонидович встретил меня у ворот дачи и предложил до ужина скоротать время за игрой. Первую партию я выиграл, во второй также имел лучшую позицию, но здесь нас позвали к столу и матч, к явному недовольству Петра Леонидовича, пришлось прервать. За столом он был явно не в духе, мало говорил, почти не притрагивался к еде, как только представилась возможность — вышел из-за стола, бросив мне коротко и решительно: «Пошли!».

Капица серьезно относился к шахматам потому, что в игре он, что называется, проверял себя — не потерял ли он «форму». Здесь я сознаюсь, что до сих пор продолжаю эту традицию, играя, к сожалению, уже с компьютером.

Для Петра Леонидовича характерен и такой штрих. Начавшийся в конце 70-х годов подлинный бум, связанный с распространением шахматных компьютеров, не оставил и его безучастным. Получив в подарок американский микрокомпьютер «Челленджер 7», он одно время частенько с ним «общался», нравилось, что машина охотно принимает жертвы и позволяет партнеру в полной мере проявить комбинационный талант. Но вскоре он разочаровался в «Челленджере»: сетовал на то, что тот лишен понимания позиционной игры и почему-то в спокойной позиции делает несуразный ход a7-a5.

Последнее особенно раздражало Петра Леонидовича, и он предпочитал сражаться за шахматной доской только с людьми.

Как оценить шахматную силу Петра Леонидовича? В последние годы жизни он играл, пожалуй, в силу первого разряда. Но его техника разыгрывания эндшпиля и понимание позиции позволяют высказать предположение, что в свое время в Кембридже, где он был чемпионом, он определенно играл в силу мастера.

ОКНО В МИР

Роль случая в развитии международных контактов

Теоретическая физика, как и всякая наука, интернациональна, и внешние связи играли для нас важную роль. Мы знали, какие препятствия чинятся со стороны разных организаций при оформлении поездок за рубеж, однако трудности, по моему убеждению, создавались не только сверху, но и внутри учреждений, в частности, со стороны партийных организаций. Но у нас в институте таких внутренних трудностей не было (сказался «подбор кадров»). И уже благодаря этому с самого начала сотрудники института понемногу стали ездить за рубеж.

Некий качественный скачок в наших международных связях произошел в 1968 г. Однажды меня пригласил вице-президент АН СССР Борис Павлович Константинов. Он только что приехал из Соединенных Штатов. Американские физики-теоретики просили его организовать совместный советско-американский симпозиум, сначала предполагалось, что по теории металлов, потом — по теории конденсированных сред. Он пообещал, и они договорились провести его в Советском Союзе.

У академика Константинова в кабинете находился зам. начальника Управления внешних сношений АН Анисим Васильевич Карасов, который объяснил, что раз такого симпозиума не было в плане международных связей, то он на себя решение вопроса взять не может. Начали звонить наверх. Звонили долго. Щербаков из отдела науки ЦК сказал, что такой вопрос он решить не может, надо спрашивать выше. В конце концов начали звонить секретарю ЦК Б.Н. Пономареву, которого на месте не оказалось. Видя, что Константинов попал в сложное положение, я решил ему помочь, применив свой уже испытанный метод. «Знаете что, Борис Павлович,— говорю,— я возьму ответственность на себя. Пошлю американцам приглашение, начнем подготовку такого симпозиума. Ну а в случае, если верховное начальство заявит, что не согласно, то я скажу, что неправильно вас понял». Все облегченно вздохнули. Борис Павлович и Карасов пожали мне руку со словами: «С Богом, начинайте».

Так было положено начало одной из самых успешных программ сотрудничества, которые функционировали в тот период между нашей Академией и Национальной академией наук США. С конца 60-х до конца 70-х годов мы провели 10 таких симпозиумов поочередно в Советском Союзе и в Соединенных Штатах. На этих симпозиумах встречались специалисты самого высокого калибра. В делегации, естественно, включались не только сотрудники Института теоретической физики, но и физики-теоретики других институтов. Каждый раз удавалось обновлять состав участников, и таким образом расширялся круг «выездных». В те времена существовало такое понятие, и все знали, что оно означает. Если ученому один раз позволили выехать за рубеж, то дальше он переходил в новое состояние — «выездного». Важно было в первый раз преодолеть барьер. Система советско-американских симпозиумов позволила, по существу, организовать коллективное прохождение через этот барьер. Со стороны гадали, по каким таким причинам из нашего института за рубеж ездят больше, чем из других. Существовали даже разные легенды. Но никаких специальных причин не было, просто мы проводили правильную политику в этом деле, чему способствовала доброжелательная обстановка в самом институте.

Международное общение сыграло очень важную роль. Наших специалистов узнали на Западе. Идеи зарубежных ученых быстро становились известны нам, что очень способствовало успешной работе института. Польза оказалась взаимная. В 1971 г. симпозиум, помнится, происходил в Ленинграде. Американская делегация была представлена знаменитыми учеными, среди них был Кеннет Вильсон. Именно на этом симпозиуме он впервые излагал идеи дробного измерения пространства, которые позволили ему в дальнейшем решить задачу фазового перехода второго рода, за что он получил Нобелевскую премию. Но, вообще говоря, эта работа обкатывалась на нашем симпозиуме, это был один из его продуктов. Есть и другие прекрасные результаты, которые впервые обсуждались на наших симпозиумах. По отчетам Национальной академии наук США это была лучшая совместная работа двух академий в течение 10 лет.

А дальше произошло вот что. Война в Афганистане привела к новому витку «холодной войны». Прямые контакты с американскими учеными вроде бы и прекратились. Однако — на войне как на войне. Мы применили обходной маневр. Установили прямой контакт с Институтом Нильса Бора и Институтом теоретической физики скандинавских стран в Копенгагене (NORDITA). И уже с ними проводили совместные симпозиумы поочередно в Копенгагене и Москве. Обычно на них присутствовало большое количество американских ученых. Таким образом, с помощью небольшой хитрости, мы обошли формальные трудности, которые создавались, в основном, американской стороной. Так продолжалось примерно до конца 80-х годов. Один из наших симпозиумов мы проводили на озере Севан, в Армении. Он продолжался долго, почти целый месяц, был очень успешным и оставил у всех воспоминание как о счастливом времени творчества.

Опасные контакты

Оттепель, начавшаяся после XX съезда КПСС и знаменитой речи на нем Н.С. Хрущева, меняла атмосферу в стране и обществе в сторону либерализации. Однако в науке это чувствовалось в меньшей степени. Границы государства для ученых по-прежнему были закрыты. Только особо доверенным лицам из числа научных работников позволялось ездить в страны Восточной Европы и даже дальше на запад. При этом беспартийные ученые выезжали только в сопровождении специально назначенных лиц.

Где-то в конце 50-х годов известный физик (беспартийный) академик В.А. Фок выехал в Польшу на конференцию в сопровождении инструктора ЦК КПСС Ч., кандидата физико-математических наук, который до перехода в ЦК работал экспериментатором, но не имел никакого отношения к теоретической физике. Фок был знаменитым физиком-теоретиком, типичным русским интеллигентом, притом знавшим себе цену и, естественно, не нуждавшимся в «дядьке», который учил бы его правилам поведения. К тому же Владимир Александрович отличался довольно сильным характером и вряд ли потерпел бы попытки его воспитывать.

Жизнь в Польше в это время была более свободной и раскованной, чем в СССР, и инструктор ЦК Ч., попав впервые «за границу», не смог удержаться от соблазнов. Насколько я понимаю, его «грехопадение» состояло в посещении ресторанов и чрезмерной выпивке. И хотя Ч. был приставлен, чтобы следить за академиком Фоком, за ним самим в свою очередь следили работники нашего посольства. Еще до возвращения делегации в Москву они сообщили о недостойном поведении «потерявшего бдительность» инструктора ЦК. Говорят, партийный билет у него отняли уже на границе.

Будучи человеком самолюбивым, Фок, естественно, тяготился своим сопровождающим и поэтому не без злорадства комментировал случившуюся историю: «Ч. послали, чтобы он следил за мной, а лучше бы он последил за собой».

В эти же 50-е годы секретарь парторганизации Института Капицы N был командирован во Францию. Всем нам это казалось фактом такого масштаба, таким событием, о котором никто и мечтать не мог. Кстати говоря, N — именно тот человек, который начинал свою работу в качестве аспиранта Л.Д. Ландау и в январе 1953 г. на партсобрании при обсуждении дела «врачей-убийц» совершил на него публичный донос, заявив, что Ландау абсолютно не интересовался его работой в аспирантуре, поскольку он, N, не еврей. В действительности же N, будучи бездельником, и не пытался показаться на глаза Ландау. Дау же бездельников презирал. По поводу одного из своих близких сотрудников, очень известного физика-теоретика, у которого, скорее всего по причинам личного характера, был период застоя в работе, Ландау шутил: «Он скоро залезет на дерево и будет там обитать в соответствии с учением Фридриха Энгельса». Ландау имел в виду обязательную для изучения в программах марксизма-ленинизма книгу Энгельса «Роль труда в очеловечивании обезьяны». А о том, что Ландау были чужды какие-либо националистические чувства, и говорить не приходится. Достаточно прочитать известную справку генерала Иванова, начальника Первого специального управления КГБ, составленную для Отдела науки ЦК КПСС, где приводятся записи подслушанных («с помощью технических средств») разговоров Ландау[9]. В 1956 г., во время Суэцкого кризиса, он обвинял своего близкого ученика и друга в еврейском национализме за сочувствие Израилю, воевавшему на англо-французской стороне против Египта.

Вернемся же к нашему N. Попытки заниматься наукой он быстро оставил и полностью посвятил свою жизнь партийной работе, каковой и занимался до ликвидации компартии в 1991 г. В конце 50-х годов, когда Институт физических проблем после восьмилетнего перерыва (1946–1954) уже был возвращен Капице, N состоял там секретарем парторганизации.

---

[9] Комсомольская правда. 1992. 8 авг.

В это время в Московском университете стажировался молодой французский теоретик, приехавший со своей женой. Каким образом, неизвестно, но N сблизился с этой семьей. В Париж он отправился на стажировку к известному теоретику Вижье, активному деятелю французской компартии. Спустя несколько месяцев N был срочно отозван в Москву. Известно, что Вижье был немало огорчен этим и помогал N решать проблемы, возникшие в связи с неожиданным отъездом. Высшая «судебная» партийная инстанция — Комиссия партийного контроля — немедленно рассмотрела это дело. Речь шла об исключении его из партии, однако ввиду особых заслуг N наказание ограничилось снятием его с должности секретаря партийной организации и строгим выговором с предупреждением. Он был также переведен в другой институт.

Перед уходом из Института Капицы сам N так изложил на партсобрании обстоятельства своего «дела»[10]: «Перед отъездом в Париж, — признался он, — я по службе сблизился с французским стажером МГУ и его женой Мишу, и мы с Мишу полюбили друг друга...» В этом месте исповедь N была прервана с места голосом Ольги Алексеевны Стецкой, заместителя Капицы, старой большевички, подруги Н.К. Крупской: «И что в этом плохого?!.» В этом возгласе уже слышалось либеральное время Н.С. Хрущева!

«...Мы полюбили друг друга, — продолжал N, — но из-за моего отъезда в Париж наши отношения прервались. Мишу очень переживала разлуку и писала мне многочисленные письма, несмотря на мои предупреждения не делать этого. По-видимому, о наших отношениях стало известно, я был отозван в Москву и наказан высшей партийной инстанцией». Здесь N попрощался с партийной организацией института и больше никогда там не появлялся. Бедная Мишу, хоть и была женой французского коммуниста, не могла поверить, что частные письма могут читаться.

«Дело» N получило большой резонанс в Академии наук СССР. Было созвано специальное совещание секретарей партийных организаций институтов, посвященное усилению бдительности в связи с поездками советских ученых за рубеж. Совещание проводил сам главный ученый секретарь АН СССР Александр Васильевич Топчиев, который номинально был вто-

---

[10] Официальных документов из ЦК КПСС о «деле» N в институт не поступало, вероятно, ввиду их секретности.

рым лицом в Академии после президента, но фактически управлял ею. Должность главного ученого секретаря была учреждена при Сталине, и А.В. Топчиев являлся партийным наместником в Академии.

Итак, академик Топчиев сообщил историю романа советского ученого с француженкой, не скрыв, что ему известно содержание писем из Москвы в Париж. Эти письма, доложил он, наполнены такими подробностями любовно-интимного характера, что их в приличном обществе даже нельзя повторить. В заключение Топчиев произнес фразу, надолго ставшую крылатой: «Измена жене во время заграничной командировки приравнивается к измене Родине». Справедливости ради следует сказать, что А.В. Топчиев был неплохим человеком и сделал очень много для Академии наук.

Под конец лишь заметим, что истории N была посвящена сатирическая поэма очень хорошего физика и поэта Миши Левина. Последние строки ее звучат следующим образом:

> Идеен был Володя Продадищев,
> Да разложился под конец.

Как известно, решение о поездках советских граждан за рубеж, каждого в отдельности, принималось специальным постановлением ЦК КПСС. На бюрократическом языке это называлось «решением инстанций». Поскольку конкретные истории легче всего позволяют читателю окунуться в обстановку тех лет, остановлюсь еще на двух эпизодах, так или иначе связанных с предыдущими.

Где-то в 1961–1962 гг. делегация советских химиков выезжала в Канаду на конгресс. Руководителем делегации был лауреат Нобелевской премии академик Н.Н. Семенов, директор Института химической физики АН СССР. В то время он был также и вице-президентом Академии наук, и кандидатом в члены ЦК КПСС. Его членство в ЦК объяснялось тем, что Хрущев в то время сильно увлекался применением химии в сельском хозяйстве. Заместителем руководителя делегации был секретарь парткома одного из химических институтов АН некто Клочков.

Накануне отъезда из Канады, утром в холле гостиницы член нашей делегации, зять Семенова, будущий академик В.И. Гольданский раскрыл свежую газету и на первой странице с ужасом обнаружил сообщение, что доктор наук Клочков попросил политического убежища в Канаде. Когда Гольданский сказал об этом сидевшему рядом Семенову, то последний чуть не потерял сознание от предчувствия тех кар, которые должны обрушиться на его голову и на головы всех членов делегации по возвращении домой. И действительно, на длительное время были ужесточены и без того строгие правила по выезду ученых за границу. Запомнилась одна из принятых мер ввиду ее анекдотичности: перестали выпускать людей 60-летнего возраста, поскольку сбежавшему Клочкову было ровно 60.

Здесь сказывался принцип экономии мысли, который вынужден был применять аппарат ЦК КПСС из-за необъятного объема бессмысленной работы, которой ему приходилось заниматься.

Хрестоматийным примером этого принципа в действии может считаться тот факт, что на должность секретаря Президиума Верховного Совета Союза ССР всегда избирались грузины, а один из его 25 членов должен был быть обязательно беспартийным и непременно ученым. Долгое время это место занимал замечательный математик и прекрасный человек, ректор Московского университета академик Иван Георгиевич Петровский. Высокое положение давало ему возможность делать немало добрых дел[11].

Во всех пока что приведенных мною эпизодах главные действующие лица — партийные деятели, но это не должно вызывать подозрения в тенденциозном подборе фактов. Скорее всего, дело тут просто в селективном характере моей памяти, а также и в том, что в те годы при составлении делегаций указанная категория ученых имела явное преимущество. Напомню, что все описанное случилось в конце 50-х — начале 60-х годов, когда поездки советских ученых за рубеж были редкостью, а появление их на международных конгрессах — большим событием. Ландау выезжал за рубеж дважды, в 1929-м и в начале 30-х годов, после чего за границей не был никогда, несмотря на то, что избирался членом многих иностранных академий и неоднократно получал от них приглашения. Так, в 1957 г. Ландау обратился к президенту Академии наук с просьбой командировать его в одну из европейских стран. Отдел науки ЦК КПСС, изучавший этот вопрос, затребовал из КГБ материалы о лояльности Дау. Таким образом и появилась на свет уже упомянутая «справка о Ландау» генерала Иванова. Ландау было

---

[11] До него это место занимал академик И.И. Артоболевский.

отказано в выезде за границу. При этом, как следует из справки, учитывалось и мнение сотрудничавших с КГБ «близких друзей» Ландау, настойчиво рекомендовавших не пускать его за границу.

Летом 1959 г. в Киеве состоялась очередная Международная Рочестерская конференция по физике высоких энергий. Первая такая конференция состоялась в городе Рочестере (США), и с тех пор под этим названием проводится регулярно. Конференция была весьма многочисленной, представительной. Буквально все научные звезды мира, работавшие в этой бурно развивавшейся тогда области физики — физике элементарных частиц и физике высоких энергий — съехались в Киев. Это была одна из первых международных встреч такого масштаба, проводившихся в СССР (а может быть, и самая первая).

Советский Союз представляла многочисленная делегация, а так как конференция была международной, то состав нашей делегации утверждался в ЦК. Руководителем назначили некоего М. Мещерякова[12], занимавшего должность начальника Главка ускорителей элементарных частиц Госкомитета по мирному использованию атомной энергии. То есть не ученого, а чиновника.

Ландау и я входили в состав делегации. Для Льва Давидовича это было счастливой возможностью встретить друзей, с которыми он работал в Цюрихе и Копенгагене в начале 30-х. Ландау подолгу засиживался во время обеда с Виктором Вайскопфом, Рудольфом Пайерлсом и другими. Регулярно утром или вечером Мещеряков из Главка проводил совещание делегации. На одном из первых таких совещаний он произнес сакраментальную фразу: «По-видимому, контактов избежать не удастся». У этого «руководителя» науки были свои представления о характере научной работы.

Иногда на столе, за которым обедал Ландау со своими друзьями, появлялась бутылка сухого вина, как это принято во всем мире. Бдительный Мещеряков не прошел мимо столь крамольного факта. Было проведено закрытое совещание руководства делегации, где он потребовал принять «серьезные меры» к академику Ландау, который «систематически пьянствует с западными учеными». Надо иметь в виду, что Ландау вообще не употреблял спиртных напитков, разве что в исключительных случаях мог пригубить бокал. Этот факт был хорошо известен

---

[12] Не следует путать с М.Г. Мещеряковым — членом-корреспондентом АН СССР, основателем Объединенного института ядерных исследований в Дубне.

всем друзьям Дау, и поэтому на праздновании его 50-летия в 1958 г. в Институте физпроблем рядом с Ландау сидел «дежурный выпивала». Ландау чокался с поздравлявшими его друзьями, а содержимое бокала выпивал «дежурный выпивала» со специально приклеенным для этого случая красным носом. Что же касается «руководства» делегации, то оно, по моим наблюдениям, не просыхало, поскольку на научных заседаниях им делать было нечего.

Это была последняя международная конференция, в которой участвовал Ландау, так как через два года, после трагической автомобильной катастрофы, такой возможности он уже больше не имел.

Во власти «инстанций»

Все, что было описано выше, происходило во времена хрущевской «оттепели». Развенчание «культа личности», освобождение сотен тысяч политзаключенных из лагерей, «раскрепощение» крестьян и выдача им паспортов, общая демократизация жизни, получившая название «оттепель» — бессмертные заслуги Хрущева. Однако страна оставалась закрытой. Правда, случались и проблески. Вспоминается Всемирный фестиваль молодежи и студентов в 1957 г., когда, несмотря на все принятые властями меры, «контактов избежать не удалось».

К сожалению, под конец пребывания Хрущева у власти тяжелый идеологический груз прошлого, а также, по-видимому, интриги его ближайших помощников разладили его отношения с интеллигенцией, в частности и с Академией наук. Это совпало по времени с кампанией Хрущева по ограничению власти партийной бюрократии, у которой он незадолго до того отнял ряд привилегий. Все это в итоге и привело к заговору против Хрущева, который завершился приходом к власти его ближайшего «друга» Л.И. Брежнева.

Одна из последних «инициатив» Хрущева состояла в том, чтобы серьезно обсудить вопрос о закрытии Академии наук главным образом в связи с тем, что Академия отказывалась поддерживать сельскохозяйственную лженауку и ее предводителя Трофима Денисовича Лысенко (кстати, академика). Отдел науки ЦК КПСС при Хрущеве также проводил наукоборческую политику, оказывая поддержку всяческим проходимцам, прикрывавшимся идеологическими лозунгами.

Однако в сентябре 1964 г. было принято решение Совета Министров о создании в составе АН СССР Института теоретической физики. Но в Отделе науки ЦК с президентом Академии М.В. Келдышем отказывались даже разговаривать о назначении меня директором этого института. В те годы в Отделе науки еще играли важную роль люди, которые в свое время называли Ландау «дутой величиной, заслуги которой искусственно раздуваются Западом». Но 14 октября 1964 г. состоялся известный пленум ЦК, на котором Хрущев был снят и где одним из главных его прегрешений тогдашний идеолог партии М.А. Суслов назвал разлад отношений с Академией. Чиновники Отдела науки на это замечание немедленно прореагировали, и уже на следующий день затребовали мое личное дело.

Я вернулся к этой истории, поскольку она является наглядной иллюстрацией того, что коммунистическое государство с его четко организованной структуризацией было системой, как говорят физики, с дальнодействием. Любые, даже небольшие, изменения в Кремле тут же отзывались на судьбе рядовых граждан. В январе 1965 г. я был назначен директором Института теоретической физики, а с 1 мая приступил к исполнению своих обязанностей.

В августе 1965 г. в Лондоне должна была состояться IV Международная конференция по гравитации и теории относительности. Подобные конференции проводились регулярно раз в три года и собирали многочисленное сообщество ученых, работавших в этой области физики, тогда популярной и остающейся модной и сейчас. В составе Астрономического совета АН СССР существовала Гравитационная комиссия. Многие годы ее возглавлял академик Фок, а я был его заместителем.

Предполагалось на эту конференцию послать большую по тем временам делегацию — около 15 человек. В состав делегации, которую должен был возглавить Фок, были включены академик В.Л. Гинзбург и я. Появление наших имен в списке уже отражало то резкое изменение во внутренней политике, которое произошло с приходом к власти Брежнева, когда идеологические и другие («ненаучные») факторы стали играть меньшую роль. Границы несколько приоткрылись.

Здесь, может быть, уместно напомнить некоторым читателям о процедурах той поры, предшествовавших выезду за границу. Организация, которая рекомендовала послать своего сотрудника за рубеж, должна была собрать необходимые для такого случая документы. Если этот выезд первый в биографии ученого, то ему выдавали длинную анкету по образцу тех, которые заполнялись при поступлении на работу в режимные предприятия. При повторных поездках достаточно было более краткой формы. Кроме того, требовалась справка о состоянии здоровья. А далее наступала более сложная часть. Нужно было получить характеристику-рекомендацию, подписанную «треугольником»: руководителем учреждения, председателем профсоюзного комитета и секретарем парторганизации. Получить первые две подписи обычно не представляло большого труда, но рекомендация и поручительства партийной организации становились одним из серьезнейших барьеров на пути за границу. Именно здесь чаще всего люди нарывались на отказ. Во многих учреждениях «авторитет» партийных комитетов и их влияние держались на собирании сплетен (компромата). Компроматом могли быть и такие «серьезные» прегрешения, как отказ от поездки в колхоз для уборки картошки или на овощебазу для ее же переборки, поскольку там она обычно начинала быстро загнивать.

Далее парторганизация направляла характеристику на утверждение в райком партии. При райкомах существовали специальные выездные комиссии, состоявшие преимущественно из старых большевиков, нередко в прошлом связанных с «органами». Их прозвали «народными мстителями». Выезжающих вызывали на эти комиссии «для собеседования» и подвергали экзамену. Вопросы требовали знания последних решений партийных органов, международного положения и даже географических и политических сведений о странах, куда предстояло ехать.

Многие отсеивались на этом этапе. Достаточно, например, было нетвердо произнести фамилию генерального секретаря компартии той страны, в которую предполагалась командировка.

При благоприятном исходе характеристика подписывалась секретарем райкома партии и возвращалась в парторганизацию учреждения. Далее все собранные документы направлялись в вышестоящую организацию — Академию наук или соответствующее министерство. Там собирались многочисленные визы, после чего за подписью руководителя высокого учреждения письмо со всеми документами поступало в «святая святых» — отдел зарубежных выездов ЦК КПСС. Именно здесь после многочисленных согласований принимался окончательный вердикт, так называемое «решение ЦК КПСС». Как правило, до последних дней выезжающий не знал, каким оно будет.

Каждого удостоенного положительного решения вызывали в 6-й подъезд ЦК на инструктаж. Это правило было строгим и обязательным даже для тех, кто выезжал в социалистические страны. Мне припоминается один такой инструктаж. Тогда большая делегация выезжала на конференцию по физике низких температур в Румынию, в Бухарест. И инструктор ЦК очень серьезно объяснял нам, что по приезде, когда нас будут угощать местной водкой цуйкой, ее нужно обязательно пить. Она отвратительна на вкус и у нее ужасный запах, но отказываться нельзя — это обидит хозяев. И второе — женщины в составе делегации должны спокойно воспринимать, когда их будут щипать за задницу, потому что в Румынии так принято.

И действительно, на первом же приеме в Бухаресте нам предложили огромные фужеры, наполненные желтой, не особенно приятно пахнущей жидкостью. Что бы по этому поводу сказали зачинатели антиалкогольной кампании 1985 г.!

Лишь после того, как «решение ЦК КПСС» в письменном виде поступало в командирующую организацию, отъезжающему наконец-то выдавались загранпаспорт и авиабилет. И даже это еще не было гарантией, что вас не задержат пограничники при паспортном контроле. Известен скандальный случай, когда академик Е.К. Завойский, впервые выезжавший за рубеж и чуть ли не державший в руках документы, был задержан унизительным образом, без объяснения причины. Не сумел помочь даже А.П. Александров, в институте которого Евгений Константинович работал. Причина так и осталась неизвестной, хотя Завойский — отнюдь не рядовой ученый. Он был, несомненно, великим физиком. Это ему принадлежит одно из фундаментальнейших открытий — парамагнитный электронный резонанс. То, что он не получил бесспорно заслуженную им Нобелевскую премию за это открытие, объясняется в первую очередь тем, что его недостаточно знали за рубежом. Завойский очень переживал свою историю с поездкой, вернее, не-поездкой за границу, несомненно, обиделся на А.П. Александрова, которого считал всесильным, перестал бывать в лаборатории и вскоре умер.

Вернемся к нашей IV Гравитационной конференции. Накануне отъезда в Лондон стал известен окончательный состав делегации. Из списка «выпали» Гинзбург и я. Я решил обратиться к Семенову, который был в то время, как мы уже знаем, вице-президентом АН СССР и кандидатом в члены ЦК КПСС, то есть имел влияние в партийных кругах. Он позвонил в ЦК и сумел убедить партийного чиновника в важности поездки директора Института теоретической физики на эту конференцию. На следующий день в отношении меня появилось положительное решение. О Гинзбурге параллельно хлопотал президент Академии М.В. Келдыш, и его хлопоты также завершились успехом. Таким образом, в начале августа 1965 г. Гинзбург и я «лишились невинности» — впервые отправились в Западную Европу.

Следует сказать несколько слов о делегации, в состав которой мы входили. Руководителем был утвержден академик В.А. Фок. Фок был одним из грандов современной теоретической физики, глава ленинградской школы. Мне вспоминается грузный человек высокого роста с характерным скрипучим голосом, что объяснялось его глухотой. Он был строг и суров в дискуссиях, да и в суждениях о некоторых людях. Однако, как показали мои многолетние отношения с ним, в душе он был мягким и добрым человеком, в нем даже было что-то детское. Также заслуживает быть названным казанский математик А.З. Петров, имевший успехи в развитии отдельных математических аспектов теории относительности, которому Владимир Александрович всегда покровительствовал.

Другой «заметной» фигурой в делегации был Яков Терлецкий, профессор МГУ. Среди физиков этот человек уже тогда имел не очень хорошую репутацию. Помимо участия в истории с Капицей, о которой я рассказывал выше, о нем было известно, что за одну из аморальных историй, числившихся на совести Терлецкого, академик М.А. Леонтович не пустил его в свою квартиру, захлопнув дверь.

«Руки на руль!»

Итак, на пленарном заседании IV Гравитационной конференции я сделал доклад о наших с Е.М. Лифшицем работах о сингулярности в общих космологических решениях уравнений Эйнштейна. Это был по существу мой первый публичный доклад на английском языке, которым я в то время еще не очень владел, осваивая его самостоятельно. Доклад вызвал интерес, запомнилась активная реакция американского теоретика Чарльза Мизнера, с которым наши научные интересы впоследствии пересеклись еще раз.

Мы с Фоком посетили почти все известные музеи Лондона. Наши привычки совпали: мы оба не любили в одиночку бродить по чужому городу. Как-то мы, помнится, много часов провели в Национальной галерее и неожиданно встретились у знаменитой картины Гойи «Портрет донны Изабеллы». Фок был потрясен не только мастерством художника, но и красотой донны Изабеллы, долго говорил мне о своем впечатлении. Его реакция была для меня несколько неожиданной, так как в нашем кругу он слыл «сухарем».

После окончания конференции мы с Гинзбургом были приглашены в Кембридж и Оксфорд, где я встретился с моими коллегами, многих из которых знал лишь заочно. Как известно, по знаменитым газонам Кембриджа и Оксфорда можно гулять только членам колледжа. Когда профессор Д. Шенберг, близкий друг Ландау и Капицы, прогуливал нас с Гинзбургом по этим газонам, я уверенно заявил, что у нас в Черноголовке будут такие же. Гинзбург быстро поколебал мою уверенность, процитировав Ильфа и Петрова: «Не выйдет, мальчик, комикование по Ч. Чаплину». Время, к сожалению, показало, что его скептицизм был оправдан.

Много внимания мне уделил оксфордский профессор Курт Мендельсон, директор Кларендонской лаборатории в Оксфорде, с которым у нас было немало общих научных интересов. Это необыкновенно жизнелюбивый и образованный человек. Он много путешествовал и написал книгу о пирамидах египетских фараонов, в которой содержалось оригинальное толкование их предназначения. В Лондоне мы посетили известный клуб «Атенеум», членством в котором он очень гордился, так как даже не все премьер-министры Англии удостаивались чести быть принятыми в этот клуб. Незадолго до этого в правилах клуба произошла серьезная «революция» — его членам разрешили приходить со своими дамами, однако дам кормили в отдельном ресторане, находившемся в полуподвальном помещении. Английские традиции — вещь серьезная.

Наша дружба с Мендельсоном продолжалась многие годы. Он часто посещал Советский Союз. Однажды я пригласил его в ресторан «Славянский базар» и угостил в традиционно русском стиле — стерлядью, водкой и квасом. Запомнилось, с каким удовольствием он запивал водку квасом, каждый раз повторяя: «Вот это жизнь!»

Заканчивая рассказ о моей первой поездке за границу, я хотел бы вернуться к Фоку.

Фок стал председателем оргкомитета следующей, V Гравитационной конференции, которая должна была проводиться в Тбилиси через три года, т.е. в 1968 г. Нам много пришлось взаимодействовать с ним в процессе подготовки к этой конференции, которая прошла очень успешно, чему немало способствовало традиционное грузинское гостеприимство. Запомнилось, как под занавес мы с Фоком совершили поездку на автомашине по замечательным горным районам. Темпераментный шофер-грузин, постоянно что-то рассказывая, на самых опасных участках дороги бросал руль и начинал жестикулировать. Тогда раздавалась решительная команда Фока: «Немедленно руки на руль!» Это восклицание я часто вспоминаю, наблюдая современную жизнь в России.

Очередная, VI Гравитационная конференция происходила в Копенгагене в 1971 г. Я не принимал в ней участия, и, как выяснилось, это было к лучшему — судьба меня уберегла. Руководителем советской делегации снова был академик Фок. В состав делегации наряду с другими входили А.З. Петров и Д.Д. Иваненко. Еще до выезда в Копенгаген стало известно, что Международная гравитационная комиссия предлагает провести следующую, VII конференцию в Израиле, что связывалось с именем великого Эйнштейна, который активно поддерживал создание этого государства. По очевидным причинам неожиданное известие произвело шок в партийных кругах. Делегации был дан строгий наказ — «лечь костьми», но не допустить этого безобразия.

Насколько мне известно, советская делегация проводила большую закулисную работу и демонстративно покинула зал заседания, когда происходило голосование по утверждению Израиля в качестве места проведения следующей конференции. Фок оставался в зале, хотя и не голосовал. Но повлиять на общее решение не удалось.

По возвращении в Москву в партийных инстанциях было произведено тщательное расследование случившегося. Как известно, после зарубежных поездок советские ученые обязаны были писать отчеты, в которые, наряду с научными итогами, полагалось включать и общие впечатления.

По-видимому, в некоторых отчетах вопросу об Израиле уделялось значительное внимание, так как участникам надо было оправдаться в том, что они не смогли выполнить полученные «директивные указания». Для Фока результат оказался плачевным — после Копенгагена его более за границу не выпускали. Он тяжело переживал это. Как я уже говорил, он знал себе цену, и подобный запрет, задевая самолюбие, был для него унизителен.

Научный авторитет Фока был столь высок, что партийные инстанции раньше никогда не чинили препятствий для его зарубежных поездок. Всегда уверенный в себе, он после 1971 г. выглядел несколько подавленным. Создавалось впечатление, что запрет на поездки сказался на его здоровье. Раньше его уверенность в себе проявлялась даже в шутках. Как известно, советские ученые, вернувшись из-за границы, обязаны были заявлять о прочитанных там лекциях и сдавать государству гонорары. Владимир Александрович этого никогда не делал и шутил, говоря своим друзьям: «Академик — не оброчный мужик» или: «Дают пятак, а требуют, чтобы ты сдал им рубль».

Фок пытался бороться против ущемления своих прав, обращался в разные инстанции, но добиться ничего не мог. Он мне говорил, что во время одного из таких визитов ему показали отчет о поездке в Копенгаген, написанный его протеже Петровым. Все выезжающие за границу были обязаны писать отчет. В отчете Петрова говорилось, что Фок в своих выступлениях на конференции не дал отпора сионистам (так окрестили всех, голосовавших за проведение конференции в Израиле). Рассказывая эту историю, Владимир Александрович возмущался и применял типичную для физика-теоретика логику: «Петров не мог знать, что я говорил на конференции, так как он не знал ни одного иностранного языка[13]. К тому же во время голосования Петрова и в зале не было!» У меня сложилось впечатление, что чиновник из Министерства высшего образования, показавший отчет Петрова, хотел сознательно усилить удар, поскольку хорошо знал, что Фок сильно продвигал Петрова и тот был многим ему обязан.

Последний раз я видел Фока на праздновании 250-летия Академии наук. Он, грузный, с явной одышкой, поднимался по лестнице в сопровождении дочери Натальи Владимировны.

---

[13] На международных конференциях переводов не делают, так как предполагается, что участники знают, по крайней мере, английский. Естественный вопрос — зачем посылать людей, не знающих языка, на международные конференции — почему-то никогда не возникал.

Создавалось впечатление, что он полностью отключился от внешнего мира, чему, естественно, также способствовала его глухота. Вскоре Фока не стало.

Я столь подробно описал мою первую поездку, чтобы облегчить читателю, не знакомому с особенностями нашей тогдашней жизни, чтение последующих страниц. Эти воспоминания написаны спустя много лет после первой моей поездки на Запад. За прошедшие годы я неоднократно побывал за рубежом. Бывало разное. Как и в первый раз, выезды часто сопровождались трудностями, иногда срывались. Все это отнимало у меня массу сил и здоровья. Однако ретроспективно мне видится во всех коллизиях только абсурдная и юмористическая сторона.

Указ королевы Юлианы

В 1967 г. я был избран Лоренцовским профессором Лейденского университета в Голландии. Эта почетная кафедра учреждена в честь великого голландского физика Х. Лоренца и ежегодно замещается иностранными физиками. Назначения на эту должность производятся королевскими указами. Подписи Лоренцовских профессоров можно увидеть на стене главной аудитории Института Лоренца.

Получив указ королевы Юлианы о моем назначении, я начал оформление документов. Естественно, будучи директором Института теоретической физики, я не собирался оставлять его на год и планировал поездку лишь на три месяца. Однако вскоре из Управления внешних сношений Академии наук (УВС) мне сообщили, что мой отъезд не может состояться. Решение было принято не в самом УВС. Эта организация, по моим многолетним наблюдениям, была скорее лояльной и не чинила особых препятствий для выездов, хотя среди многочисленных сотрудников управления иногда встречались люди очень недоброжелательные.

Получив отрицательный ответ из УВС, я обратился к президенту Академии наук и объяснил неприличие ситуации, поскольку к ней была причастна королева Юлиана. Мстислав Всеволодович Келдыш быстро сообразил, как можно использовать это обстоятельство, вызвал к себе тогдашнего начальника УВС С.Г. Корнеева, о могуществе которого ходили легенды, и предложил ему подготовить новое письмо в «инстанции». Главным в новом письме должна была быть идея о том, что королева Юлиана обидится, если Халатников не приедет. Этот аргумент, по-видимому, подействовал, и мне разрешили принять назначение на должность Лоренцовского профессора и выехать в Голландию сроком на один месяц (вместо одного года, как это предусматривалось приглашением). Я был доволен результатом, поскольку в то время поездки на такой «большой» срок были редкостью. В обязанности Лоренцовского профессора входило чтение некоторого количества лекций. Я прочитал их все за один месяц, посетил Лабораторию им. Х. Камерлинга-Оннеса, где впервые был получен жидкий гелий, с теорией сверхтекучести которого была многие годы связана моя научная жизнь. И, естественно, поездка запомнилась тем, что дала мне возможность оставить свою подпись в очень достойной компании.

Наш великий ровесник

В 1968 г. в Триесте, в Италии, происходило торжественное открытие здания Международного центра теоретической физики, который организовал пакистанский физик Абдус Салам, профессор Империал-колледжа в Лондоне, впоследствии получивший Нобелевскую премию. Центр в Триесте сейчас хорошо известен, в нем побывали все теоретики мира. Он возник в 1964 г. одновременно с Институтом теоретической физики им. Ландау. Совпадение этих дат не случайно, оно отражает естественные процессы в науке, которые связаны с величайшими достижениями теоретической физики 50-х годов: созданием квантовой электродинамики и теории сверхпроводимости. Основную задачу Центра Салам видел в содействии развитию теоретической физики в странах третьего мира (Азии, Африки, Латинской Америки). И хотя он создавался под эгидой Международного атомного агентства в Вене, 90% средств на его содержание щедро давало итальянское правительство. В получении средств — огромная заслуга заместителя Салама, Паоло Будинича. Выбрав этого итальянского физика на роль своего заместителя, Салам сделал, несомненно, очень удачный шаг.

Землю для строительства нового Центра подарил князь Турн-и-Таксис, живший в то время неподалеку в своем замке Дуино на берегу Адриатического моря. По случаю «инаугурации» Центра была с характерным для Салама широким размахом задумана международная конференция по теоретической физике продолжительностью в целый месяц. Для участия в ней были приглашены полтора десятка нобелевских лауреатов, список участников включал имена всех наиболее известных теоретиков. Мне как директору Института теоретической физики было поручено Академией наук дать предложения по составу нашей делегации. Приведу список теоретиков, которые приняли участие в этой несомненно исторической конференции: академик В.А. Фок и впоследствии избранные академиками В.Л. Гинзбург, А.А. Абрикосов, Е.М. Лифшиц, Л.Д. Фаддеев, Е.С. Фрадкин и я. Кроме того, были приглашены два профессора-экспериментатора из Московского университета — люди с приличной репутацией, хоть и не имевшие непосредственного отношения к конференции, но включенные в состав делегации с моего согласия, что называется, для «баланса сил». В бюрократических кругах Академии выезд делегации, состоящей из одних теоретиков, вызывал сильное смущение: «Почему теоретики отрываются от экспериментаторов?»

Мне представляется, что такой мощной по составу делегации советских физиков-теоретиков на Западе еще не бывало. Но и на этот раз не обошлось без шероховатостей. В последнюю минуту перед выездом выяснилось, что Гинзбурга «опять не пустили». Правда, через несколько дней после начала конференции, в результате хлопот все того же Келдыша, Гинзбург в Триесте появился.

Запомнились необыкновенно высокий уровень докладов, ежевечерние лекции лауреатов Нобелевской премии, в том числе и великого П.А.М. Дирака, многочисленные экскурсии и дружеские ужины. На одной из посиделок, которую устраивали мы с Абрикосовым, удалось даже разговорить молчаливого Дирака. «Для затравки» Алеша стал рассказывать свои обычные туристские истории, одна из которых была о том, как он в горах встретился один на один с медведем. Этот случай произвел такое сильное впечатление на Дирака, что он начал задавать вопросы, а затем и вовсе разговорился.

Вчетвером — Гинзбург, Абрикосов, Лифшиц и я — мы совершили автомобильную экскурсию в Венецию, Флоренцию и вернулись в Триест через Сан-Марино. Все это было организовано Саламом. Во Флоренции нам пришлось несколько задержаться из-за Евгения Михайловича Лифшица, который не

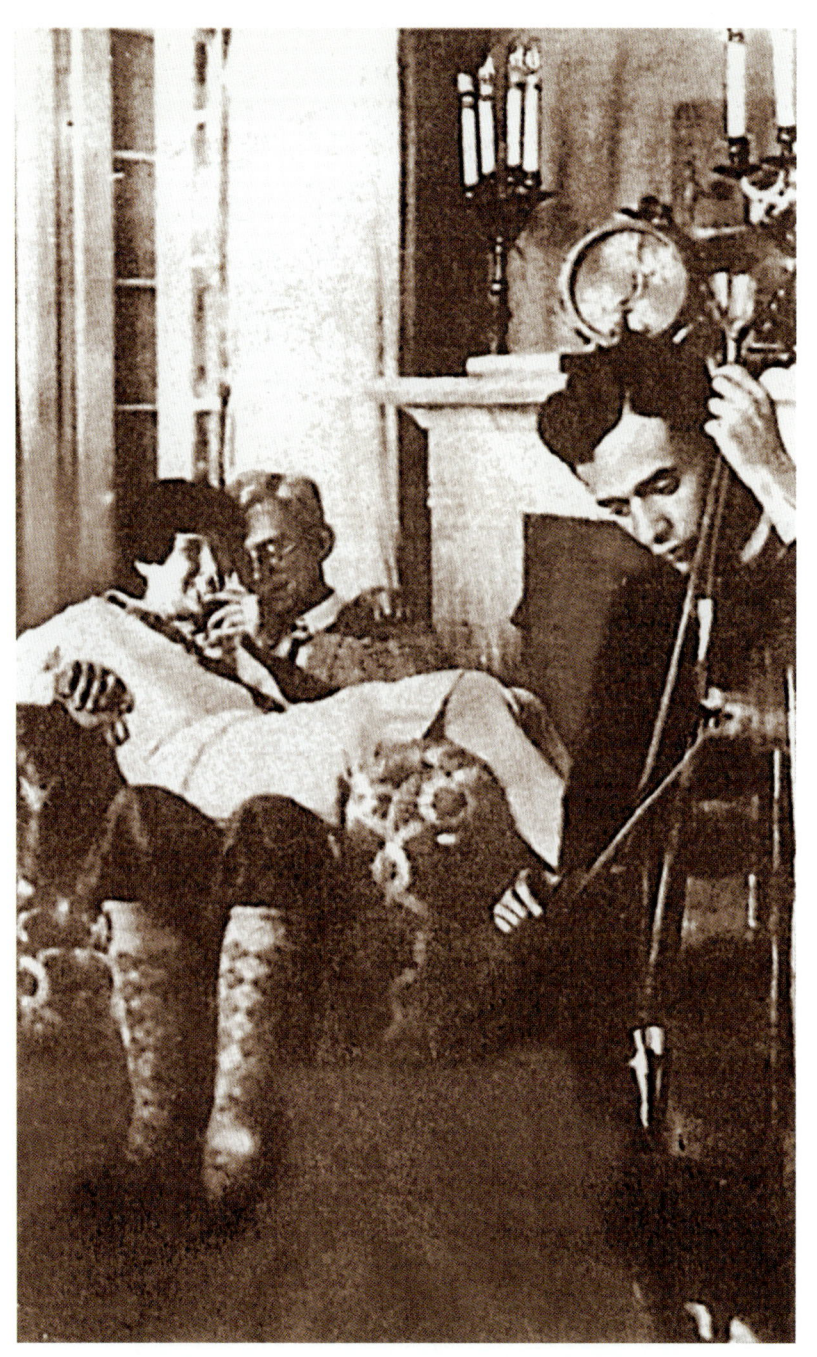

Женя Каннегисер, Г. Гамов и Л. Ландау. 1927 г.

Л. Ландау и Г. Гамов во дворе института Нильса Бора в Копенгагене. В центре — сын Н. Бора. 1929 г.

АКАДЕМИЯ НАУК СССР
ИНСТИТУТ ФИЗИЧЕСКИХ ПРОБЛЕМ

ACADEMY OF SCIENCES OF USSR
INSTITUTE FOR PHYSICAL PROBLEMS
Kalujskoe schosse, 32, Moskow

Москва, 133, Калужское шоссе, 32.
Телефоны: В-2-17-61 — директор
В-2-2-28-59 — зам. директора
В-2-20-29 — упр. делами
Телеграфный адрес: Москва, „Магнит"

26 мая 1941 года

№ 25-

Уважаемый тов. Халатников !

Было бы крайне желательно, чтобы Вы смогли, не позже чем в 1-х числах июля, приехать в Москву в Институт.

Я считаю, что Вам необходимо продолжать заниматься теоретической физикой в аспирантуре, так как во время Вашего пребывания в Институте Вы произвели на меня очень хорошее впечатление.-

Доктор физико-математич. наук

Л. Ландау

профессор Л. Ландау.

Приглашение И.М. Халатникову в аспирантуру от Л.Д. Ландау. 1941 г.

Семинар в институте Нильса Бора. 1930 г. О. Клайн, Н. Бор, В. Гейзенберг, В. Паули, Г. Гамов, Л. Ландау, Г. Крамерс

Штаб зенитно-артиллерийского полка. 1944 г.

И.М. Халатников — капитан, начальник штаба зенитно-артиллерийского полка. 1945 г.

П.Л. Капица, Л.Д. Ландау (слева — Артемий Алиханьян).
Николина Гора. 1948 г.

П.Л. Капица

СОВЕТ МИНИСТРОВ СССР

ПОСТАНОВЛЕНИЕ

от 16 мая 1950 г. № 2108-814

Москва, Кремль

ВЫПИСКА:

Совет Министров Союза ССР ПОСТАНОВЛЯЕТ:

ПРЕМИРОВАТЬ нижеследующих научных, инженерно-технических работников, рабочих и служащих, отличившихся при выполнении специальных заданий:

ХАЛАТНИКОВА Исаака Марковича - кандидата физико-математических наук — денежной премией в сумме 20000 рублей.

Председатель
Совета Министров Союза ССР   И.Сталин

Управляющий Делами
Совета Министров СССР   М.Помазнев

Георгий Гамов

Е.М. Лифшиц, И.М. Халатников, Л.Д. Ландау, И.А. Ахиезер,
А.И. Ахиезер. Конференция по физике низких температур. Киев. 1955 г.

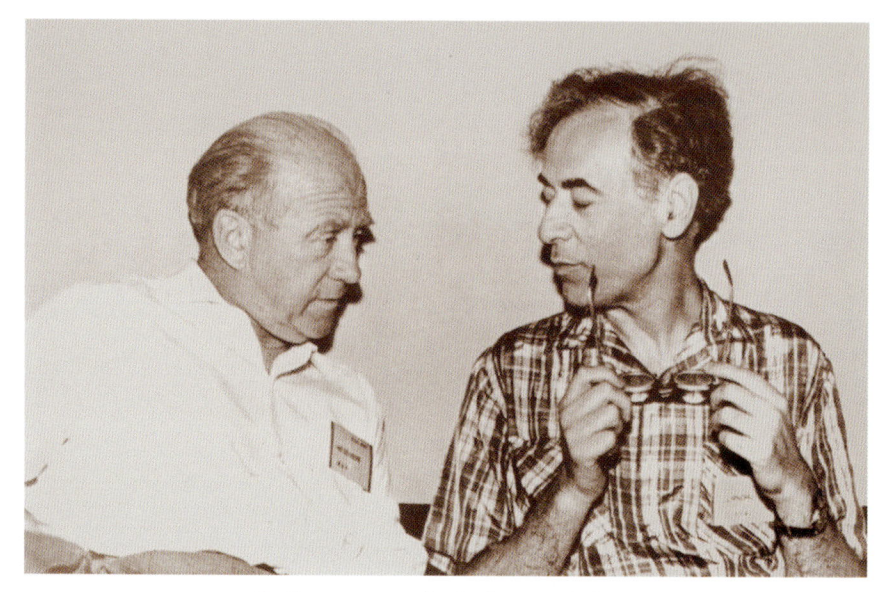

В. Гейзенберг и Л.Д. Ландау. 1956 г.

Л. Ландау и Р. Пайерлс на семинаре в ИФП. 1956 г.

Теоретический отдел ИФП АН СССР. 1956 г. Стоят (слева направо): С.С. Герштейн, Л.Н. Питаевский, Л.А. Вайнштейн, Р.Г. Архипов, И.Е Дзялошинский. Сидят (слева направо): Л.А. Прозорова, А.А. Абрикосов, И.М. Халатников, Л.Д. Ландау и Е.М. Лифшиц

Л.Д. Ландау. 1957 г.

М. Гелл-Манн, Л. Ландау и А. Пайс. Москва. 1957 г.

Конференция по физике низких температур ИФП. 1957 г.

М. Гелл-Манн, Л. Ландау и Р. Маршак. Москва, май 1957 г.

И.М. Халатников, Л.Д. Ландау, Е.М. Лифшиц у входа в ИФП. 1959 г.

Г. Холл, А. Пиппард, В.Л. Гинзбург, И.М. Лифшиц, К. Мендельсон, П.Л. Капица. 1959 г.

Конференция по физике низких температур. Москва. 1959 г.

$$\chi \sim \overline{(\Sigma \vec{s})^2}$$

$$\Sigma 2 J \vec{s}_1 \vec{s}_2 \qquad \Sigma_i e^{-\frac{\Sigma 2 J \vec{s}_1 \vec{s}_2}{T}} \qquad e^{-\frac{H}{T}}$$

$$\frac{\psi_1 \psi_i' + \psi_i \psi_2'}{\sqrt{2}} \quad +J \qquad \frac{3}{4} N - \frac{1}{T} \Sigma 2 \vec{s}_1' \Sigma_i \vec{s}_1 \vec{s}_2$$

$$\frac{\psi_1 \psi_i' - \psi_i \psi_2'}{\sqrt{2}} \quad -J \qquad T \Sigma 1 \qquad \qquad \frac{1}{T} e^{-\frac{J \vec{s}_1 \vec{s}_2}{T}}$$

$$2J \qquad \frac{3}{4} N - 2J \frac{\Sigma \vec{s}_1^2 \vec{s}_2^2 \cdot \vec{s}_1 \vec{s}_2}{4T \cdot 16} \cdot 3$$

$$600 \cdot 18 = 11000 \frac{\text{кал}}{\text{моль}} \qquad \overline{(\vec{s}_1 \vec{s}_2)^2} = \frac{1}{3} \cdot \frac{3}{4} \cdot \frac{3}{4}$$
$$600$$

$$q = 10 R T_c$$

$$\frac{3}{4} N - \frac{3}{64} \frac{N \Sigma J}{T} \qquad 1 - \frac{2 \Sigma \vec{s}_1 \vec{s}_2}{T}$$

$$\delta_{nm} + \psi_{nm}$$

$$(a \delta_{nm} + \psi_{nm})(\delta_{nm} + \varphi_{nm}) \quad 1 - \frac{12}{16T} 4 J = 1 - \frac{3}{4T} J$$

$$a \delta_{nn} + \psi_{nn} \varphi_{nn} = a \delta_{nn} + (\psi \varphi)_{nn}$$

$$5 \text{ккал/моль} \quad a + \frac{(\psi \varphi)_{nn}}{\delta_{nn}} \qquad \frac{3}{4 \cdot 0{,}2} J = 0{,}2$$

$$\psi \varphi \qquad J = 0{,}04 \cdot \frac{4}{3} = \cancel{0{,}05^\circ} \, 0{,}06^\circ$$

$$\frac{3}{4} N - \frac{\Sigma 2 \vec{s}_1 \vec{s}_2 \cdot 2 J \vec{s}_1 \vec{s}_2}{T} \qquad U \sim e^{-\alpha z} \qquad \varepsilon = 2{,}5^\circ$$

$$\frac{4 J \cdot 3}{3} \cdot \frac{3}{4}$$

$$E = A e^{-\beta V^{1/3}}$$

$$N - \frac{J \cdot 6 N}{T} \qquad P = -\frac{\partial E}{\partial V} \quad \frac{A \beta}{3} V^{-2/3} e^{-\beta V^{1/3}}$$

$$1-$$

Черновик Ландау. 60-е годы

Л.Д. Ландау на отдыхе. 60-е годы

Е.М. Лифшиц и Л.Д. Ландау. Боржоми. 1960 г.

Н. Бор и Л. Ландау в саду ИФП. 1961 г.

1-й симпозиум в Бакуриани. 1961 г.

Н. Бор и Л. Ландау. Москва. 1961 г.

Е.М. Лифшиц и И.М. Халатников у двери рабочих кабинетов. 1962 г.

И.М. Халатников.
1964 г.

Вручение Ландау Нобелевской премии

Академик А.Б. Мигдал

Конференция по статистической физике в Трондхайме. Норвегия. 1967 г.

Празднование инаугурации Международного центра теоретической физики в Триесте. 1968 г.

Нью-Йорк. 1970 г.

ZEGELWET
*02,00
NEDERLAND

Wij Juliana, bij de gratie Gods, Koningin der Nederlanden, Prinses van Oranje-Nassau, enz., enz., enz.

Besluit van
4 maart 1969
nr. 18
houdende benoeming van
prof. I.M. Khalatnikov
tot buitengewoon hoogleraar aan de rijksuniversiteit te Leiden.

Op de voordracht van Onze minister van onderwijs en wetenschappen van 28 februari 1969, nr. 690183, afdeling Personeelszaken Wetenschappelijk Onderwijs;
Gelet op de artikelen 65, 67 en 69 van de Wet op het wetenschappelijk onderwijs;

HEBBEN GOEDGEVONDEN EN VERSTAAN:

voor het tijdvak van 1 april 1969 tot en met 31 mei 1969 te benoemen tot buitengewoon hoogleraar in de faculteit der wiskunde en natuurwetenschappen aan de rijksuniversiteit te Leiden om onderwijs te geven in de theoretische natuurkunde:

prof. ISAAK M. KHALATNIKOV,

geboren 17 oktober 1919 te Dnepropetrovsk, directeur van het Instituut voor Theoretische Natuurkunde L.D.Landau te Moskou.

Onze minister van onderwijs en wetenschappen is belast met de uitvoering van dit besluit, waarvan afschrift zal worden gezonden aan de Algemene Rekenkamer.

Soestdijk, 4 maart 1969
(get.) J U L I A N A

De minister van onderwijs
en wetenschappen,
(get.) Veringa

Voor afschrift,
de chef Secretarie,

(C.A.J.Brans)

Указ королевы Юлианы о назначении Лоренцовским профессором. 1969 г.

И.М. Халатников, Джон Бардин, Д. Пайнс, Ч. Слихтер.
Советско-американский симпозиум. Нью-Йорк. 1970 г.

14 Международная конференция по физике низких температур. Хельсинки.
1975 г.

INSTITUTS INTERNATIONAUX DE PHYSIQUE ET DE CHIMIE
Fondés par E. SOLVAY, A.S.B.L.

XVIe Conseil de Physique - Bruxelles 24 sept. - 28 sept. 1973

INTERNATIONALE INSTITUTEN VOOR FYSICA EN CHEMIE
Gesticht door E. SOLVAY, V.Z.W.

XVIe Raad voor Fysica - Brussel 24 sept. - 28 sept. 1973

H. ARP - M. BOVIJN - B. CARTER - R. OMNES - S.R. de GROOT - J. EHLERS - C.J. PETHIK - A.G.W. CAMERON - E.P.J VAN DEN HEUVEL - J. HEISE - F. FACINI
V. CANUTO - L. CELNIKIER - R. COUTREZ - P. LEDOUX - P.M. MATHEWS - R. PENROSE - I.M. KHALATNIKOV - C. RYTER - M. SCHMIDT - R. RUFFINI
R. DEBEVER - J. LEROY - G. COCCONI - P. SWINGS - G. HENSBERGE - J. DEMARET - M. BURGER - M.J. REES - R. HOFSTADTER - E.C.O. SUDARSHAN
J. MEHRA - Y. NE'EMAN - J.A. WHEELER - A. TRAUTMAN - A. SCHILD - L. HALPERN - J. WILLIAMS - G. DERIDDER - H. HENSBERG - M.A. RUDERMAN
J. SHAHAM - G. BAUM - R.A. ALPHER - L. WOLTJER - F.G. SMITH - G. BURBIDGE - A. HEWISH - E. GIACCONI - E. SCHATZMAN - D. PINES
R. HERMAN - H. SATO - V.R. PANDHARIPANDE - J. BAHCALL - J. SENGIER - A. ABRAGAM - L. ROSENFELD - M. BURBIDGE - E. AMALDI
C. MØLLER - F. PERRIN - C.J. GORTER - J. GEHENIAU - I. PRIGOGINE

Сольвеевский конгресс. Брюссель. 1973 г.

Группа награжденных орденами в Кремле. 1979 г. В последнем ряду: Н.И. Рыжков, И.М. Халатников и Е.М. Примаков

Представление Папе Иоанну Павлу II. 1980 г.

На приеме у итальянского посла Милиоли: Я.Б. Зельдович, Анжелика Зельдович, посол, Б. Понтекорво, жена посла, П.А. Черенков, И.М. Халатников, И.М. Лифшиц. 1980 г.

Р. Руффини и И.М. Халатников в Римском университете. 1980 г.

П.А.М. Дирак на семинаре ИФП. 1982 г.

М. Фишер, И.М. Халатников, Ю.А. Осипьян, Р. Паерлс, С. Метта.
Тель-Авив. 1988 г.

Ю. Нейман, Ю.А. Осипьян, Л. Фаддеев, И.М. Халатников,
Тель-Авив. 1988 г.

80-летие Ландау в Тель-Авивском университете. 1988 г.
Справа налево: Н. Мейман, Д. Гросс, Р. Паерлс,
глава физического департамента и Л. Фаддеев

И.М. Халатников и Л.П. Горьков на симпозиуме «Ландау-Nordita».
Москва. 1989 г.

Президент Лондонского Королевского общества, профессор сэр Майкл Атиа вручает диплом. 1995 г.

Подпись в Книге членов Королевского общества. 1995 г.

The Royal Society

Whereas the Fellows of the Royal Society of London for Improving Natural Knowledge have in solemn session unanimously elected into their number the distinguished

Isaak Khalatnikov

We for the President, Council and Fellows, offer greetings to all present and declare that this day the said person was admitted a

Foreign Member

of our Society and did in the manner ordained by Statute subscribe the Obligation in the Charter Book and did thereby promise to promote the good of the aforesaid Society and to pursue the ends for which the same was founded and in witness thereof the Council ordered the Common Seal of the Society to be affixed to these Presents

Given at London in the 335th year of the Royal Society

Michael Atiyah
President

Anne McLaren

Диплом иностранного члена Королевского общества

Кремль. 2000 г.

Президент РАН Ю.С. Осипов, И.М. Халатников и Ю.А. Осипьян. Черноголовка, май 2006 г.

THE BEST OF SOVIET SCIENCE: HIGH-IMPACT INSTITUTIONS

Rank	Institute	No. Papers	No. Citations	Citation Impact
1.	L.D. Landau Institute of Theoretical Physics, Moscow	1,254	19,896	15,86
2.	Theoretical and Experimental Physics Institute, Moscow	1,001	13,324	13,31
3.	M.N. Schemyakin Institute of Bioorganic Chemistry, Moscow	1,203	10,490	8,71
4.	P.N. Lebedev Physics Institute, Moscow	4,615	32,742	7,09
5.	I.V. Kurchatov Institute of Atomic Energy, Moscow	1,312	11,246	8,20
6.	N.D. Zelinsky Institute of Organic Chemistry, Moscow	1,408	8,647	6,14
7.	Joint Institute for Nuclear Research, Dubna	2,729	16,702	6,12
8.	A.F. Ioffe Physicotechnical Institute, Leningrad	5,539	28,153	5,08
9.	Moscow M.V. Lomonosov State University, Moscow	16,952	82,080	4,84
10.	I.V. Karpov Chemicotechnical Research Institute, Moscow	2,165	9,964	4,40

Фрагмент из журнала «The Scientist» (1990, February, 19). В таблице представлены наиболее результативные из советских научно-исследовательских институтов за период 1973–1988 гг. Последовательно указаны их рейтинг, название, число опубликованных работ, число ссылок на них и главный показатель — отношение этого числа к предыдущему. На первом месте — Институт теоретической физики им. Л.Д, Ландау.

успел вместе с нами посетить галерею Питти. Дело в том, что он был страстным фотографом, снимал все, что видел интересного, на диапозитивы, которые затем с удовольствием показывал своим друзьям и обстоятельно комментировал со свойственной ему педантичностью. У меня сложилось впечатление, что чрезмерное увлечение фотографированием достопримечательностей приводит к тому, что фотограф-любитель видит окружающий мир только через видоискатель и иногда пропускает самое интересное.

Хотя Центр в Триесте был задуман для поддержания теоретической физики в третьем мире, он, по крайней мере в течение двух десятилетий, играл роль международного центра в более широком смысле. Мне неоднократно доводилось бывать там на конференциях, посвященных самым актуальным вопросам современной теоретической физики, быть директором школ по физике конденсированного состояния и членом совета Центра. В моей научной биографии участие в работе Центра занимает важное и особое место.

Ланч в замке Дуино

Во время своих поездок за рубеж, в необычной ситуации, мне часто приходилось открывать новые стороны в характере своих друзей.

С Абрикосовым у нас сложились близкие товарищеские отношения с самого его появления в теоротделе Ландау Института физических проблем в 1948 г. В то время у нас не было своих кабинетов, мы обычно работали у меня дома, а в перерывах часами обсуждали работы по телефону.

К моменту конференции в Триесте у нас за плечами уже числилось более 30 совместных публикаций. Наша многолетняя дружба была не без шероховатостей, однако теплые отношения всегда брали верх. Недостаток Алешиного характера состоял в том, что иногда по совершенно необъяснимым причинам он мог невзлюбить выбранную им «жертву».

Незадолго до этой поездки в Триест умер Ландау. Он был похоронен на Новодевичьем кладбище в Москве, в своеобразном некрополе, рядом с многочисленными государственными деятелями, артистами, генералами и учеными. Когда встал вопрос об установке памятника, нам не захотелось следовать образцам соцреализма, воздвигнутым на соседних могилах.

Следует сказать, что к этому времени борьба с «формализмом» и «абстракционизмом» в искусстве, начатая при Хрущеве, не закончилась, еще была свежа в памяти его непристойная ругань на выставке в Манеже по адресу ныне знаменитого скульптора Эрнста Неизвестного.

Через общих друзей я был знаком с Неизвестным, испытывал к нему, его творчеству необыкновенное уважение, и мне казалось, что и он симпатизировал мне. У меня, естественно, возникла идея заказать памятник Ландау у Неизвестного. Это гарантировало, по меньшей мере, что памятник будет произведением искусства и станет выделяться среди ближайшего окружения. Кроме того, мне импонировала идея связать навсегда великие имена Ландау и Неизвестного. Свой выбор я решил проверить у Аркадия Мигдала, поскольку он был не только выдающийся физик-теоретик, но и довольно профессионально работал как скульптор. У него было много друзей среди художников и скульпторов, из которых наиболее близкими ему были художник Д. Краснопевцев, а также скульпторы Н. Силис и В. Лемпорт, выполнившие совершенно оригинальные скульптурные портреты Нильса Бора и Альберта Эйнштейна. В совместной мастерской Силиса и Лемпорта часто собиралась московская богема. Несколько раз Аркадий приглашал туда и меня.

Я ожидал, что на мой вопрос о выборе автора памятника Мигдал назовет Силиса и Лемпорта. Но, вопреки моим ожиданиям, он не раздумывая назвал имя Эрнста Неизвестного. Такая реакция окончательно решила мой выбор. Заказывать памятник должен был Институт физических проблем, где работал Ландау, поэтому я пригласил Капицу посетить мастерскую Неизвестного. С нами отправились Анна Алексеевна Капица, Алеша Абрикосов и секретарь Капицы Павел Евгеньевич Рубинин.

Неизвестный показал нам свои многочисленные скульптуры. Поскольку они не выкупались государством, как у художников-соцреалистов, то все хранились у него в мастерской. Показывая свои произведения, Неизвестный в основном обращался к Анне Алексеевне и Петру Леонидовичу Капицам и этим, по-видимому, сильно задел самолюбие Алеши Абрикосова. Может быть, даже в какие-то моменты, разговаривая с Капицами, Неизвестный поворачивался спиной к Алеше. Так или иначе, в результате Алеша возненавидел Неизвестного и затем всегда поносил его творчество, вспоминая с особенным отвращением абстрактные скульптуры, олицетворявшие человека с разорванной грудью, которые он называл «потрошенками». Неприязнь к Неизвестному сохранилась у него на всю жизнь. В отличие от Алеши вся остальная группа была потрясена увиденными скульптурами, а Петр Леонидович, впервые встретившийся с Неизвестным, сразу же заказал ему памятник для могилы Ландау.

Прежде чем возвратиться к Триесту, я хотел бы закончить историю с памятником Ландау. В конце концов на Новодевичьем кладбище появились две замечательные скульптуры Неизвестного, стоящие неподалеку одна от другой, — на могилах Ландау и Хрущева. Последний памятник был заказан семьей Хрущева в соответствии с его завещанием.

На Триестской конференции, как я уже говорил, происходили многочисленные встречи, официальные приемы и иногда приемы на дому у организаторов Центра. Один из таких приемов происходил на роскошной вилле профессора Паоло Будинича. Естественно, что из-за ограниченности пространства Будинич не мог пригласить всех участников конференции. От нашей делегации были приглашены Фок, Лифшиц и я. Такой выбор, видимо, объяснялся тем, что мы были ближе знакомы с хозяином дома. На приеме у Будинича я познакомился и разговорился с князем Турн-и-Таксисом. Он оказался исключительно мягким, демократичным и интересным человеком. Наверное, мы оба понравились друг другу, потому что он пригласил меня со всей советской делегацией на следующий день на ланч в свой замок Дуино.

Когда я возвратился в гостиницу, Алеша, с которым мы жили в одном номере, стал резко выговаривать мне за то, что я не взял на прием к Будиничу его и остальных членов делегации. Мои доводы об абсурдности этих претензий не произвели никакого впечатления. Не улучшило дело даже сообщение о том, что на этом сугубо частном приеме я продолжал заботиться о делегации и договорился о завтрашнем ланче в замке Дуино для всех ее членов. В конце концов Алеша произнес мне ту сакраментальную сентенцию, ради которой я рассказал всю эту историю: «Конечно, ты делаешь очень много для института, но ты мне напоминаешь мою матушку. Она тоже много сделала для меня и моей сестры Маши, однако так часто упоминала об этом, что когда она умерла, мы с Машей не очень грустили».

Сейчас жизнь разбросала нас в разные концы света. Как-то я встретил Алешу в США, где он заведует теоротделом в Аргоннской национальной лаборатории. Он мало изменился.

Одесское начало

В 1961 г. мне на ум пришла идея провести в Одессе симпозиум по теоретической физике. За год до этого я отдыхал в Одессе и познакомился там с местным теоретиком-ядерщиком Владимиром Маляровым и директором местной астрономической обсерватории Владимиром Платоновичем Цесевичем, сыном русского певца, известного в пору Шаляпина и Собинова. Лучшее место для проведения симпозиумов найти было трудно — сочетание европейского города и курорта на Черном море при наличии приличного университета обеспечивало решение всех практических задач.

Следует признаться, что впервые мысль об институте теоретической физики, расположенном на берегу Черного моря, посетила меня во время прогулок вдоль Французского бульвара в Одессе. В конце концов моя идея реализовалась, правда, не на берегу Черного моря, а в Черноголовке. На берегу же другого моря, Адриатического, эту идею удалось реализовать Абдусу Саламу.

Когда мы готовились к проведению Первого Одесского симпозиума, то само слово «симпозиум» не было еще достаточно широко известно. И когда осенью я рассказывал Ландау, что мы летом в течение месяца проводили в Одессе симпозиум по теоретической физике, то у меня осталось впечатление, что Дау не совсем понял, чем мы там занимались. К сожалению, этот наш разговор происходил незадолго до трагической автомобильной катастрофы, и мне не представилось больше шанса поговорить с Ландау на эту тему.

Основная идея Одесского симпозиума, который мы собирались провести, состояла в том, чтобы собрать всех лучших — по гамбургскому счету — советских теоретиков и подробно обсудить наиболее актуальные проблемы. Перечислю некоторые имена участников, главным образом молодых теоретиков, которых можно не характеризовать, поскольку сейчас их имена широко известны. Там были Алексей Абрикосов, Лев Горьков, Игорь Дзялошинский, Лев Питаевский, Валерий Покровский, Анатолий Ларкин, Роальд Сагдеев, Александр Веденов, Александр Андреев, Юрий Каган, Леонид Келдыш, Виктор Галицкий, Марк Азбель. Из более старшего поколения был учитель Азбеля Илья Михайлович Лифшиц.

Мои одесские друзья Маляров и Цесевич помогли обеспечить минимально необходимые условия для работы. Жили и питались мы в рядовом профсоюзном доме отдыха недалеко от моря, располагались в четырехместных комнатах без удобств. Однако все были молоды, веселы и увлечены своим делом, да и условия были типичными для того времени.

Распорядок дня был организован по так называемому «одесскому» регламенту: утро — на пляже, где дискуссии, естественно, никогда не прерывались, а заседания — после обеда.

Недалеко от дома отдыха находилась туристская база, где по вечерам проходили танцы, на которых отличались Сагдеев и Веденов, пользовавшиеся большим успехом у девушек с ткацкой фабрики. Наш дом отдыха был обнесен забором, а поскольку калитка на ночь запиралась, то часто любителям танцев приходилось лазить через высокую кирпичную стену.

Запомнилась необыкновенно теплая и веселая обстановка, царившая на симпозиуме, в особенности шутки и многочисленные розыгрыши, которыми мы в то время увлекались. Сознаюсь, что у меня была репутация любителя и автора розыгрышей. Иногда и я становился их объектом. Так как заседания происходили в местном клубе, в котором проводились и другие «культурные» мероприятия, однажды я обнаружил объявление на украинском языке о моей публичной лекции на тему: «Чы був початок та чы будэ кинець свиту?» (Было ли начало и будет ли конец света?). Это была безобидная шутка Толи Ларкина, намекавшая на мои работы с Евгением Лифшицем о космологических особенностях. Говорили, что на эту объявленную лекцию пришли любопытные граждане и среди них оказался даже один священник.

Центральной научной проблемой, которой тогда все увлекались, была теория фазовых переходов второго рода. Здесь продвинулся Валерий Покровский своим оригинальным подходом, который он развивал вместе с Сашей Паташинским. По существу, именно в Одессе была впервые сформулирована масштабная инвариантность (скэйлинг), характерная для фазовых переходов второго рода.

Первый Одесский симпозиум в известной мере был международным — в нем принял участие гостивший в Москве известный американский теоретик Дж.М. Латинжер (которого мы в то время называли на немецкий лад Лютингером). Узнав о предстоящем симпозиуме, он решил возвращаться из России через Турцию с остановкой в Одессе.

Именно в Одессе он познакомился с идеей Льва Питаевского, позволившей в конце концов сформулировать теорему, фиксирующую число фермиевских возбуждений (по существу как постулат эту теорему использовал Ландау в своей теории Ферми-жидкости).

Говоря об участии Латинжера в нашем симпозиуме, невозможно не вспомнить одну деталь. Дело в том, что недалеко от нашего дома отдыха за высоким забором с наглухо закрытыми воротами находился роскошный дворец санатория ЦК компартии Украины. Санаторий в это время пустовал, а его великолепный пляж также был огорожен забором. Участники симпозиума облюбовали этот пляж, но чтобы проникнуть туда, необходимо было каждый раз преодолевать высокий забор. Латинжер лазил на пляж вместе со всеми.

У меня сложилось впечатление, что Латинжер так и не понял комичность ситуации и решил, что это русский национальный обычай ходить на пляж, перелезая через забор.

С тех пор одесские симпозиумы стали ежегодными. Руководил их организацией в дальнейшем Алеша Абрикосов.

Кроме общетеоретических симпозиумов возникли и сателлитные — по отдельным вопросам теоретической физики. Но Первый Одесский сыграл историческую роль, так как в конце концов именно он привел меня к идее организации Института теоретической физики — так сказать, постоянного одесского симпозиума.

Как-то, примерно через год после Первого Одесского симпозиума, я встретил в Москве моего старого друга — известного грузинского физика-экспериментатора Элевтера Луарсабовича Андроникашвили. Мы познакомились в Институте физических проблем, когда я был аспирантом Ландау, а он — докторантом Капицы. У нас с самого начала установились дружеские отношения и тесное сотрудничество, поскольку теория вязкости сверхтекучего гелия, развивавшаяся мной, частично использовала результаты, полученные Элевтером. А предсказания теории были впоследствии им подтверждены.

Хотя я и не был горнолыжником и до той поры никогда зимой в горах не бывал, я вспомнил, что у Тбилисского института физики, который Элевтер организовал и возглавлял, в Бакуриани, горнолыжном курорте, имеется небольшая лаборатория по изучению космических лучей и общежитие.

В тбилисском институте Элевтер создал большую лабораторию по изучению сверхтекучести жидкого гелия, которая проводила исследования в тесном контакте с Институтом физпроблем. Я предложил Элевтеру проводить на его базе в Бакуриани ежегодные симпозиумы, посвященные проблеме сверхтекучести (а также и сверхпроводимости). Естественно, что возможность катания на горных лыжах оказалась сильнейшим аргументом в их пользу. Так с 1963 г. начались наши бакурианские симпозиумы, которые также стали традиционными и проводились ежегодно, вплоть до распада СССР.

Традиции одесских симпозиумов были перенесены в Бакуриани, но с привнесением некоторого характерного для Грузии колорита, связанного с традиционным гостеприимством и обилием вина. Организационную часть этих симпозиумов поручили Саше Андрееву, заканчивавшему в то время у меня аспирантуру.

К сожалению, на первый симпозиум сам Андроникашвили не приехал. До нас дошли слухи, что, познакомившись с программой, где на одном из первых мест значилось имя моего аспиранта Андреева, Элевтер, постоянно вращавшийся в высших государственных и научных кругах, воскликнул: «Буду я еще слушать доклады каких-то аспирантов!» Следует сказать, что Элевтер был человеком необыкновенно талантливым и с хорошим чувством юмора, но иногда проявлял некоторое генеральское чванство.

Под занавес бакурианской встречи Элевтеру была послана благодарственная телеграмма, подписанная: «По поручению участников симпозиума аспирант Андреев». Элевтер понял шутку и в дальнейшем, несмотря на свою действительно большую занятость и неважное здоровье, старался симпозиумы не пропускать.

Как и ожидалось, катание на горных лыжах стало гвоздем программы. Я же не то что горных, но и равнинных освоить так и не смог, однако общее увлечение настолько захватывало, что однажды я на обычных лыжах все-таки скатился с пологой горки, которую с тех пор стали называть «пик Халатникова».

Разные истории с благополучным концом

В 1968 г. возникла идея очередной Бакурианский симпозиум по физике низких температур провести совместно с французами — как советско-французский.

Из Франции приехала очень представительная делегация. Ее возглавляли Анатоль Абрахам, родившийся в России, а в детстве, начале 20-х годов, эмигрировавший с родителями в Париж, и Филипп Нозьер, известный теоретик, с которым у нас к тому времени сложились дружеские отношения. Среди заслуг Анатоля Абрахама отметим эксперимент, в котором он открыл существование отрицательных температур (ниже абсолютного нуля).

На симпозиуме царила дружеская и творческая атмосфера. Опасения упоминавшегося мной Мещерякова, что «контактов избежать не удастся», оправдались полностью. В 1968 г. их нельзя было не только избежать, но даже и проконтролировать. Участники симпозиума жили одной семьей в небольшом и не очень комфортабельном Доме физиков в Бакуриани, и отсутствие удобств не смущало даже французов. Симпозиум оказался настолько удачным, что решено было проводить их регулярно — поочередно в России и во Франции.

Окончание симпозиума, правда, было несколько омрачено неприятной историей, случившейся с Нозьером. Как-то вечером группа участников возвращалась из кафе. Впереди шли Филипп с женой Анни и Алеша Абрикосов. Следом, немного отстав, шел я с Игорем Фоминым. Одетый в тонкую куртку Филипп Нозьер начал мерзнуть и побежал по улице, ведущей в гору, к Дому физиков. А следует сказать, что в Бакуриани было огромное количество бездомных собак, которые днем мирно бродили по улицам вместе с казавшимися тоже бездомными свиньями. Ночью же, взбудораженные видом бегущего Филиппа, собаки бросились за ним, и две из них одновременно укусили его. Нозьеру пришлось пройти двухнедельный курс прививок, из-за чего он не смог поехать на следующую, важную для него, конференцию.

История искусанного французского ученого стала, естественно, известна тбилисскому начальству, отвечавшему за безопасность иностранных гостей, и были приняты решительные меры. Поступил приказ немедленно уничтожить всех собак в Бакуриани, что и было неукоснительно исполнено. Как всегда, действовал принцип: «Заставь дурака Богу молиться...»

Советско-французские симпозиумы проводились с тех пор более или менее регулярно. Я упомяну только о втором, который состоялся в 1969 г. во Франции. Мне рассказывали французские друзья, что этому симпозиуму предшествовала довольно острая дискуссия в кругу его организаторов. Вторжение войск Варшавского договора в Чехословакию в августе 1968 г. взбудоражило и раскололо французское общество. Молодые физики считали, что симпозиум следует отменить в знак протеста против этого вторжения. Старшее же поколение считало, что наше гостеприимство обязывало их ответить тем же.

В конце концов они пришли к компромиссу: симпозиум проводить, но не в Париже, а в Лотарингии, где никогда не прекращаются дожди. Позднее «мера наказания» была смягчена, и мы были отправлены в «ссылку» во вновь открывшийся университет в Люмини, серые здания которого одиноко стояли в 20 километрах от Марселя.

Я запомнил увиденную мной по приезде большую надпись, сделанную, по-видимому, студентами, страдавшими от изоляции: «Люмини — это гетто».

Однако вся эта предшествовавшая симпозиуму возня никак не сказалась на его дружеской атмосфере. В центре научного внимания находились горячие проблемы того времени: электропроводимость в органических и полимерных материалах, а также эффект Кондо.

Следует сказать, что этот эффект в то время привлекал лучшие умы теоретиков мира. Японский ученый Кондо обнаружил, что в металлах с магнитными примесями при очень низких температурах наблюдается аномалия в температурной зависимости сопротивления электрическому току: вместо общеизвестного уменьшения сопротивления с понижением температуры наблюдается хоть и небольшое, но повышение. И хотя эффект был незначительным по величине, он привлек к себе всеобщее внимание, так как очень долго не поддавался объяснению. Расчеты электросопротивления, учитывающие рассеяние электронов на магнитных примесях, проведенные методом теории возмущений, хотя и давали правильный знак изменения сопротивления, никого не убеждали, поскольку ответ содержал большие логарифмы.

Абрикосов был первый, кто попытался решить эту проблему, не пользуясь теорией возмущений. Он просуммировал часть членов ряда теории возмущений в так называемом лестничном приближении. Специалисты поймут без объяснения, а для неспециалистов могу еще раз повторить фразу, которую, как я уже рассказывал, мне часто приходилось выслушивать от своего учителя физики в средней школе: «Не твоего ума дело».

Вернемся к эффекту Кондо, которым также успешно занимался Филипп Нозьер. Он показал, что задача не решается простым суммированием ряда теории возмущений и что требуется более общий подход с применением так называемой ренормализационной группы. Его результат сыграл важнейшую роль в объяснении эффекта Кондо, хотя точное решение этой задачи было получено лишь позже советским теоретиком Павлом Вигманом и американским теоретиком румынского происхождения по фамилии Андрей в изумительной по красоте и сложности работе.

История проблемы Кондо заставляет задуматься о путях развития современной физики. В течение десятилетия лучшие умы бились над решением задачи, которая не так уж и важна по своим масштабам и для физики, и для практики. Что это было? Уход физиков в неправильном направлении? Но большинство физиков-теоретиков ответит на этот вопрос отрицательно. В действительности методы и идеи, понадобившиеся для объяснения эффекта Кондо, сыграли важнейшую роль в исследованиях явления локализации электронов, играющего фундаментальную роль как в современной физике, так и в приложениях. Пути развития науки, как и пути Господни, неисповедимы...

По окончании симпозиума в Люмини состоялась незабываемая поездка в Гренобль с остановками в Арле и Авиньоне. В Гренобле мы познакомились с, возможно, лучшими во Франции лабораториями по физике конденсированного состояния. Затем — остановка в Париже с непредвиденной задержкой.

Дело в том, что за прошедший после Бакурианского симпозиума год в нашей среде происходили не только научные события. За это время в семьях Филиппа Нозьера и Алексея Абрикосова случились разводы. По понятным причинам соблюдалась достаточно тонкая конспирация[14], и я узнал об этом от Абрикосова лишь по приезде в Париж. Возникла сложная ситуация, так как Алеша собрался оформлять свой брак с Анни в Парижской мэрии, для чего должен был задержаться во Франции на месяц. Такая задержка члена-корреспондента АН по

---

[14] Любые изменения в семейном положении, а тем более разводы выезжающих за границу должны были отражаться в анкетах и райкомовских характеристиках.

строгим правилам того времени была эквивалентна взрыву бомбы небольшой мощности.

В конце концов удалось найти компромиссное решение — наше посольство в Париже согласилось выдать Анни въездную визу в Советский Союз. В ожидании необходимых формальностей нам всем, к общему удовольствию, пришлось задержаться в Париже еще на один день.

О перипетиях этой истории, кроме меня, никто из делегации не подозревал, хотя в нее входило 17 человек. На лицах участников обнаружилось сильное удивление лишь при вылете из Парижа, когда они увидели в аэропорту, что состав нашей группы увеличился еще на одного человека.

Это был, по-видимому, единственный случай в истории советской науки, когда делегация возвращалась из заграничной командировки не только без численных потерь, но даже с приобретением.

Такова романтическая концовка нашего второго советско-французского симпозиума.

Многим читателям в настоящее время трудно ощутить, какими бедами могла обернуться вся эта история не только для основных действующих лиц, но и для всего института. Ведь она разыгрывалась в условиях, когда действовал уже ранее упоминавшийся мной принцип, сформулированный Александром Васильевичем Топчиевым: «измена жене во время зарубежной командировки приравнивается к измене родине».

Однако для Абрикосова дело обернулось относительно мягкими репрессиями. Первая реакция «инстанций» была очень свирепой, и, как мне рассказывал Георгий Константинович Скрябин, главный ученый секретарь Академии наук, сверху требовали немедленного увольнения Абрикосова из Академии. Но ограничились лишь тем, что закрыли ему выезды за границу. Для Абрикосова это было довольно чувствительным наказанием, так как до того он одним из первых начал свободно выезжать из страны и даже в течение некоторого времени был консультантом Иностранного отдела АН, превратившегося позже в Управление внешних сношений (УВС). Этот запрет сняли лишь в 1975 г. После подписания Хельсинкского соглашения Абрикосову разрешили выехать в Финляндию.

Трудно было тогда представить себе, что наступят такие времена, когда Абрикосов, свободно выехав на месяц в командировку, останется навсегда в Соединенных Штатах заведовать теоретическим отделом Аргонской национальной лаборатории.

Двухстронние симпозиумы (продолжение истории)

1968 год вообще был богат событиями в международной жизни института. По предложению вице-президента АН Бориса Павловича Константинова, а точнее по инициативе американских физиков-теоретиков, которую они предварительно с ним обсудили, мы начали международную программу совместных советско-американских симпозиумов по теоретической физике, которые, начиная с 1969 г., проводились регулярно и поочередно — то в СССР, то в США[15]. Координаторами этих симпозиумов были: с американской стороны — профессора Дэвид Пайнс и Коньерс Херринг (к сожалению, последнего уже нет в живых), с нашей стороны — я и Лев Горьков.

Первый такой симпозиум проводился в 1969 г. в Москве. Мы, действуя в духе одесских симпозиумов, собрали весь цвет нашей теоретической физики. С американской стороны приехала, можно без преувеличения сказать, «первая сборная» теоретиков, работавших в области физики конденсированного состояния. Кроме указанных координаторов, в «сборную Америки» вошли лауреаты Нобелевской премии Джон Бардин и Боб Шриффер — великие творцы теории сверхпроводимости, Лео Каданов, Пол Мартин, Алан Лютер и другие. Почти постоянно участвовал в симпозиумах Пьер Хоэнберг, который в начале 60-х в течение года стажировался в Институте физических проблем и был близким другом тогдашнего аспиранта Саши Андреева. К началу наших симпозиумов его имя было уже хорошо известно в теоретической физике.

Успех первого московского симпозиума объяснялся главным образом тем, что составы советской и американской делегаций были «равными по силе». Конечно, ядро участников с нашей стороны составляли сотрудники Института теоретической физики.

Через несколько лет я встретил Пола Мартина на конференции, посвященной 100-летию Людвига Больцмана. В ходе дружеского разговора он пытался ответить на им же сформулированный вопрос, в каком из американских университетов имеется группа физиков-теоретиков, равная по силе Институту теоретической физики. После некоторого размышления в конце концов он ответил так: «Только сборная команда теоре-

---
[15] Подробно историю их начала см. выше.

тиков Восточного побережья Америки, включая теоротдел Лабораторий компании «Белл», могла бы соперничать с Институтом теоретической физики».

Ответный симпозиум американская сторона проводила в Нью-Йорке в 1970 г. Несмотря на сложности с отбором кандидатов в нашу команду (еще не все достойные люди были «выездными»), удалось собрать сильную группу, способную представлять нашу теоретическую физику. Участники симпозиума имели возможность поездить по американским лабораториям и познакомиться с их достижениями. Я впервые посетил Принстонский университет в качестве гостя Джона Уилера.

Дело в том, что в 1969 г. наши многолетние исследования, начатые с Евгением Михайловичем Лифшицем, к которым позже присоединился В.А. Белинский, привели к построению общего космологического решения вблизи сингулярности по времени. В основе этого решения лежала временна́я эволюция однородной космологической модели IX типа Бианки, в которой характерными являлись чередования периодов осцилляции геометрии при приближении к особенности по времени.

Впервые об особенностях временного поведения модели пространства IX типа Бианки я докладывал в Париже в январе 1968 г., на семинаре в Институте Анри Пуанкаре. На этом семинаре присутствовал Джон Уилер, который мгновенно отреагировал, указав на возможность механической аналогии данной модели. Анализ модели IX типа Бианки как механической модели впоследствии был проведен независимо от нас учеником Уилера Чарльзом Мизнером, который дал ей удачное название mixmaster model.

Уилер знал всю историю вопроса и всячески пропагандировал нашу работу.

Следует сказать, что Джон Уилер — личность яркая, сыгравшая значительную роль в современной теоретической физике. Он работал с Эйнштейном, вместе с Бором развил капельную модель деления ядра, наконец, известный Ричард Фейнман был его учеником. Он, человек с необычайным воображением, подсказал Фейнману идею рассматривать позитрон как электрон, движущийся в противоположном направлении по времени. Он всегда занимал очень высокое положение в научном сообществе, многие годы был советником президента США.

Будучи его личным гостем в Принстоне, я жил в его коттедже, где мне была предоставлена комната, в которой ранее останавливался Нильс Бор. Как-то вечером после ужина Уилер показал мне свои фотографии, на которых был снят с Ричардом Никсоном. После этого он спросил меня, как часто я встречаюсь с Леонидом Брежневым. Мой ответ, что я никогда не встречался с ним, вызвал недоверчивую улыбку, и, обращаясь к жене, Уилер сказал: «Жанет, Халат не хочет говорить нам правду!» Джон Уилер не представлял себе, какая дистанция отделяла нас, даже не совсем рядовых ученых, от правящей верхушки.

С Уилером мы потом встречались довольно часто. Он любил приезжать в Советский Союз. В одну из встреч я его познакомил с Андреем Дмитриевичем Сахаровым. Но самым большим сюрпризом для меня была последняя встреча с ним в Лондоне 1 июня 1995 г., когда нам вручали в Лондонском Королевском обществе дипломы иностранных членов. Кульминацией церемонии был момент, когда вновь избранные члены оставляли свою подпись в книге, в которой можно было найти подписи всех членов этого общества со времен его основания, в том числе Исаака Ньютона и Чарльза Дарвина. Джон Уилер перед тем, как расписаться в этой книге, помолился над ней.

Металлический водород

Важная и интересная беседа состоялась у меня во время моего визита в Урбанский университет под Чикаго с Джоном Бардином. Этот замечательный человек, лауреат двух Нобелевских премий (первая — за транзисторы, вторая — за теорию сверхпроводимости), отличался доступностью и доброжелательностью. Беседа касалась проблемы металлического водорода. О том, что водород при высоких давлениях должен переходить из молекулярной фазы в атомарную — металлическую, — было известно, и вскоре после создания теории сверхпроводимости возникли спекуляции на тему о возможности сверхпроводимости в металлическом водороде. Переход в сверхпроводящее состояние в водороде смог бы происходить при высоких температурах, так как из-за малой массы атома водорода дебаевская температура, характеризующая колебания атомов в кристаллической решетке, должна была быть высокой.

В беседе с Дж. Бардином был поставлен, насколько мне известно, впервые вопрос о возможной метастабильности металлического состояния водорода. Из теоретических рассмотрений следовало, что водород при высоких давлениях должен переходить в металлическое состояние. Однако вопрос, останется ли он в этом состоянии (метастабильном) после снятия давления, ранее не обсуждался.

Мы пришли к заключению, что, по аналогии с другими фазовыми переходами, такая возможность не исключается. Окончательный же ответ на поставленный вопрос, конечно, мог дать только эксперимент.

Возможность получения металлического метастабильного водорода открывала большой простор для фантазий. Этот необыкновенно легкий конструкционный материал был бы уникальным для физики и, главное, для технического приложения. Он мог быть использован в качестве высококалорийного топлива (например, в ракетах), и, наконец, это был бы высокотемпературный сверхпроводящий материал. Однако все это относилось к области фантастики. Даже обнаружение перехода в металлическое состояние требовало создания в лабораторных условиях, как показывали расчеты, давления порядка нескольких миллионов атмосфер.

После возвращения в Москву я сразу же поделился спекуляциями на тему о метастабильном водороде с А.П. Александровым, тогда директором Курчатовского института, и с академиком-секретарем Отделения общей физики и астрономии Л.А. Арцимовичем. Оба очень заинтересовались, в особенности Арцимович. Дело в том, что в Академии наук существовал Институт физики высоких давлений, который возглавлял Леонид Федорович Верещагин. Институт возник из небольшой лаборатории Верещагина и по существу всегда ею и оставался. Главное достижение института — создание искусственных алмазов, которое очень эксплуатировалось президентом Келдышем в ежегодных отчетах, поскольку было доступно для объяснений высокому начальству как пример важных прикладных работ, ведущихся в Академии.

В Институте высоких давлений был сооружен гигантский пресс. Здание для этого пресса и сам пресс обошлись государству в хорошую копеечку. Однако он уже несколько лет стоял неиспользуемый, и никто не знал, что с ним делать. Когда же я рассказал Арцимовичу о фантастических перспективах металлического водорода, он очень обрадовался и воскликнул: «Наконец-то мы знаем, что делать с бесполезным до сих пор прессом Верещагина!»

С Верещагиным у меня давно установились добрые отношения, и мы с целью пропаганды опубликовали совместную статью о перспективах применения металлического водорода в популярной в то время «Неделе». Возник бум. Проблемой заинтересовались многие научные учреждения, военные и гражданские.

В конце 1970 г. Александров, увлекшись и забыв о том, что о проблеме метастабильного металлического водорода он узнал впервые от меня, на выборах в Академию наук для продвижения своего кандидата, который был моим конкурентом, усиленно рекламировал его заслуги именно в этой области.

Проблема металлического водорода остается до сих пор актуальной для физиков-экспериментаторов. И хотя сам факт перехода водорода в металлическое состояние, по-видимому, можно считать подтвержденным, возможность сохранения его в метастабильном состоянии даже в незначительных количествах в монослоях остается пока недоступной. Что касается практических применений, то их фантастический характер уже мало кого увлекает.

Несколько слов о Леониде Федоровиче Верещагине. Разработанный им метод получения искусственных алмазов не был защищен надлежащим образом патентами, и возникли серьезные проблемы с продвижением его алмазов на западном рынке. Связанные с этим неприятности привели его к преждевременной смерти вскоре после начала водородной эпопеи.

Я «открываю» Черноголовку

Выше я упоминал семинар в январе 1968 г. в Институте Анри Пуанкаре. Хотел бы сказать несколько слов о том, какими путями я попал тогда в Париж на этот семинар.

В середине 60-х годов действовала программа ЮНЕСКО по оказанию научной помощи университетам Индии. Согласно этой программе Советский Союз посылал своих ученых в индийские университеты для чтения лекций. Это была своеобразная натуроплата, освобождающая СССР от части своих взносов в ЮНЕСКО. В ноябре–декабре 1967 г. я провел два месяца в Делийском университете в качестве эксперта ЮНЕСКО, прочитал ряд лекций и посетил другие университеты, везде встречая необыкновенно доброжелательное отношение. Особенно запомнился визит в Бангалор. Там меня очень тепло принял лауреат Нобелевской премии Чандрасекхара Венката Раман, вопреки рассказам о его странностях и нелюдимости, которые я не раз до этого слышал. Я также повидался со Святославом Рерихом и его женой, у нас была очень долгая и доверительная беседа, смысл которой, если сказать кратко, сводился к необходимости делать добро на любом месте и в любых условиях. До меня по аналогичной программе в Индию выезжали В.А. Фок, А.А. Абрикосов, В.П. Силин и др. Командировка в эту страну предусматривала некоторую «сладкую закуску» — поездку в Париж для предоставления отчета в ЮНЕСКО. Так в январе 1968 г. я прямым рейсом из Дели прилетел в Париж.

Советско-американский симпозиум в Нью-Йорке, о котором также речь шла выше, вызвал большой интерес. Журнал «Scientific American» опубликовал отчет о симпозиуме и интервью со мной, в котором я рассказывал редактору Глории Лабкин о наших работах по космологии, впервые доложенных в институте Анри Пуанкаре в Париже в январе 1968 г. В конце интервью было сказано несколько слов об Институте теоретической физики, названы имена ведущих сотрудников, участвовавших в первых двух советско-американских симпозиумах, а также и то, что институт входит в состав научного центра в Черноголовке.

Через десять лет разговаривавший со мной высокий чин КГБ назвал упоминание Черноголовки большим грехом. Об этом я еще расскажу подробнее, а сейчас хотел бы объяснить, что существование научного центра в Черноголовке к 1970 г. не было секретом. Как известно всем, кто когда-либо печатал научные статьи, рядом с именем автора указывается его адрес. Поэтому все публикации Института теоретической физики и других институтов Центра (Института физики твердого тела, филиала Института химической физики и др.) по крайней мере с 1965 г. содержали адрес института в Черноголовке. В программе советско-американского симпозиума 1969 г. также был указан адрес института.

Правда, Черноголовка оставалась долго закрытой для въезда иностранцев, и это всегда вызывало недоумение у наших зарубежных коллег. Я обычно им объяснял, что закрытость связана с тем, что существует ограничение на выезд иностранцев за пределы 40-километровой зоны от Москвы, а Черноголовка находится за этой чертой. Аналогичные ограничения существовали для поездок наших граждан и в США, в связи с чем мое объяснение не вызывало особых сомнений, как мне казалось. Поэтому рассматривать как криминал упоминание Черноголовки могли только некомпетентные люди. Однако сколь бы нелепой и лживой ни оказалась информация, поступавшая в КГБ, она навечно сохранялась в личном деле «жертвы».

Следующий советско-американский симпозиум по теоретической физике проходил в Ленинграде. Его можно было бы назвать историческим, но дело в том, что по партийной терминологии тех лет даже пленумы ЦК, не говоря уже о съездах партии, неизменно получали эпитет «исторический». Именно на этом симпозиуме, как я уже упоминал, Кеннет Вилсон впервые докладывал свою работу, в которой он решил проблему фазовых переходов второго рода и за которую впоследствии получил Нобелевскую премию. Работа Вилсона была выполнена в Корнеллском университете, куда молодого, но уже имевшего высокую репутацию Вилсона взяли с совершенно уникальным контрактом, подписанным на десять лет. Согласно этому контракту он был свободен от чтения регулярных курсов и мог заниматься наукой, что называется, в свое удовольствие. Рискованный контракт Корнеллского университета, как мы видим, закончился поистине триумфом.

В Ленинграде для симпозиума нам предоставили дворец, принадлежавший когда-то великому князю Владимиру. Я часто шутил, напоминая Дэвиду Пайнсу, что он сидит на том месте, на котором еще недавно восседал сам великий князь Владимир. Невозможно описать восторг, охвативший Пайнса, когда на балете в Мариинском театре он оказался в императорской ложе, которую, как я ему объяснил, до него занимали русский царь с царицей.

Вообще надо сказать, что в те годы мы имели возможность проявлять известную широту при приеме наших западных коллег. Так, Дэвид Пайнс часто приезжал к нам в качестве гостя института с семьей, включая всех его детей. Многие из наших гостей посетили Бухару и Самарканд.

Отличительной чертой наших симпозиумов была полная свобода общения советских и западных участников. Во многом этому способствовал мой принцип: поменьше спрашивать разрешения у начальства. А в то время действовала инструкция, согласно которой советский ученый не мог разговаривать с западным ученым с глазу на глаз — он обязан был приглашать кого-либо из советских коллег для участия в такой беседе. Тем, кто придумал такое правило, и в голову не приходило, что на международных симпозиумах и конференциях это даже технически осуществить невозможно.

В Москве к нашему свободному стилю общения с иностранцами уже привыкли. Однако чувствовалось, что ленинградский КГБ был шокирован. Вспоминается, как в один из вечеров Боб Шриффер устроил в гостинице «Астория» прием от имени американской делегации. Под конец, когда все несколько расслабились после трудового дня, а кое-кто был и навеселе, Покровский, имевший музыкальное образование, начал импровизировать, играя на рояле популярные мелодии. Рояль окружили и начали хором подпевать. Среди поющих я заметил несколько незнакомых лиц, хотя зал был закрыт для посторонних.

Может быть, во время этого симпозиума впервые в частных беседах обсуждались практические аспекты начавшейся в то время эмиграции советских граждан в США и Израиль.

После упомянутого мною интервью журналу «Scientific American» и в особенности после ленинградского симпозиума я заметил, что сопротивление моим поездкам на Запад несколько усилилось. Явно в моем досье появились «компрометирующие» материалы. Последний раз меня «пустили» в США в 1973 г., где проходил очередной советско-американский симпозиум в Беркли, вблизи Сан-Франциско. По-видимому, наверху были сомнения насчет возможности моей поездки. Накануне меня впервые вызвали к одному из руководителей отдела выездов ЦК, который после недолгой беседы со мной все-таки принял в конце концов благоприятное решение.

Ничем сенсационным в научном отношении этот симпозиум не запомнился, но научные сенсации случаются нечасто. Зато случилась большая политическая сенсация — начиналось Уотергейтское дело. Я тогда сразу же ощутил серьезность его последствий для судьбы президента Никсона. Должен сказать, что всегда относился с большой симпатией к Ричарду Никсону и сейчас считаю его одним из великих президентов США: именно ему удалось коренным образом изменить отношения Соединенных Штатов с Китаем и Советским Союзом.

Всем известно, что политика — дело не совсем чистое, и на это приходится порой закрывать глаза. Но Никсон был в политике высоким профессионалом, а стабильность в мире могут обеспечить только профессиональные политики. Когда поутих ажиотаж вокруг Уотергейтского дела, время все расставило по местам. И авторитет Никсона в обществе, и понимание его роли в настоящее время, наконец, стали адекватными.

Я сделал это отступление потому, что наши советско-американские симпозиумы могли возникнуть только в условиях начавшейся тогда разрядки, связанной с именем Ричарда Никсона и другого профессионального политика — Леонида Брежнева.

В начале 1974 г. произошла весьма любопытная история. Я был избран регент-профессором Калифорнийского университета в Лахое. Приглашение предусматривало чтение лекций в этом университете в течение трех месяцев. Я начал оформление, но дело кончилось отказом. Как я позднее узнал из статьи в журнале «Science», государственный департамент еще до отказа, полученного мной в Москве, известил ректора Калифорнийского университета о невозможности моего трехмесячного пребывания в Лахое, поскольку в Сан-Диего, где находится этот университет, располагается база военно-морского флота США, и советским гражданам разрешается пребывание в Сан-Диего только в течение нескольких дней.

Автор статьи в журнале «Science» возмущался создавшейся ситуацией и, ругая всеми возможными способами американские спецслужбы, не подозревал, что в это время я у себя уже получил отказ, за которым стояли советские спецслужбы. Не сговариваясь, спецслужбы обеих стран проявили трогательное единодушие.

Следующий советско-американский симпозиум, состоявшийся в 1974 г., был совмещен с традиционной летней школой в горном курорте Аспене, куда выехала большая группа теоретиков из нашего института. Возглавлял ее Лев Горьков, так как меня на этот раз в США уже не пустили. Академия пыталась помочь, и даже был момент, когда определилась дата моего вылета совместно с Львом Питаевским. В последний момент мне позвонили из УВС и спросили, можно ли отложить отъезд на два дня. Считая этот вопрос хорошим признаком, я ответил, что можно. В результате мы с Питаевским не полетели в США, и для меня наступил 15-летний перерыв для командировок в эту страну.

Участие советских теоретиков в Аспенских школах стало традиционным. Мои американские коллеги-теоретики, которых я встречал в Москве и за рубежом, ни разу не выразили удивления по поводу того, что я перестал бывать в США.

Наш первый компьютер

Где-то в середине 70-х годов Государственный комитет по науке и технике (ГКНТ) щедро выделил институту 100 тыс. долларов для приобретения компьютера. Через соответствующую внешнеторговую организацию мы заказали в США компьютер WANG-2000. По тем временам это был компьютер средней мощности. В Москве таких уже было несколько десятков в разных учебных заведениях и институтах.

Однако через некоторое время департамент торговли США потребовал от нас заполнить большую форму, так как имелись возражения со стороны департамента энергетики США, который контролировал продажу всех компьютеров Советскому Союзу. Как я понял впоследствии, какой-то небольшой, но бдительный чиновник заподозрил что-то неладное, когда увидел наш адрес: Черноголовка — место, закрытое для иностранцев.

Мы тщательно заполнили форму для департамента торговли США. Один из пунктов этой формы требовал назвать двух гарантов из США, знающих наш институт. Я решил сразить американских чиновников двумя неординарными именами. Первым я назвал Боба Шриффера, лауреата Нобелевской премии, а вторым — Коньерса Херринга, который в то время заведовал теоретическим отделом Лабораторий компании «Белл». Вскоре поступил следующий запрос, в котором требовалось сообщить, какую зарплату указанные лица получают в нашем институте. Мы и на этот смехотворный запрос ответили. Однако вскоре из департамента торговли сообщили, что то лицо в департаменте энергетики, которое возражает, своих решений никогда не меняет, и поэтому они рекомендуют оформить сделку на какую-нибудь другую, подставную организацию. На это я пойти не мог, так как это задевало мое самолюбие: Институт Ландау был уже хорошо известен в Америке.

Через несколько месяцев я встретил в Англии, где был гостем Университета в Нью-Кастле, американского профессора Расса Доннели из Университета в Орегоне. Решив его

149

развеселить, я рассказал ему анекдотичную историю с покупкой компьютера для нашего института.

Однако он принял ее всерьез и пообещал по возвращении в США связаться со своим другом Джоном Дойчем, который в то время был заместителем директора в департаменте энергетики.

Это имя сейчас хорошо известно, поскольку Джон Дойч позже возглавил ЦРУ. Однако и Дойч не смог нам помочь. Тогда настойчивый Доннели обратился к сенатору от своего штата Бобу Паквуду. Последовала немедленная реакция. Паквуд обратился в департамент торговли, и уже через неделю мы подписали контракт на приобретение компьютера WANG.

Все эти подробности я знаю из переписки Доннели с сенатором Паквудом, которую Доннели нам переслал. Наибольшее впечатление в письме Паквуда на меня произвела концовка, в которой он просил Доннели «не смущаться и обращаться к нему с подобными просьбами и впредь».

В этой истории есть много поучительных сторон, главная из которых — это непробиваемость американской бюрократической машины и доступность, авторитет и влияние американских сенаторов. В США законодательная власть способна осилить исполнительную. Что же касается компьютера WANG, то он довольно быстро устарел и еще долго валялся в институте, так как никто его даже бесплатно брать не хотел.

Карьера сенатора Боба Паквуда успешно продолжалась несколько десятилетий. Недавно она оборвалась в результате громкого скандала. Выяснилось, что в 1969 г. он поцеловал в щеку одну из своих секретарш, в дальнейшем бывали случаи, когда он похлопывал свою сотрудницу по плечу. Этого ему феминистки не простили.

«Решение со сроком»

В конце 70-х годов Национальная академия США в связи с гонениями, которые начались против академика Андрея Дмитриевича Сахарова, прекратила совместные научные программы с Академией наук СССР. Поэтому формально наши советско-американские симпозиумы по теоретической физике как бы закончили свое существование. Однако к этому времени уже параллельно работала программа совместных симпозиумов с Объединенным институтом теоретической физики скандинавских стран (NORDITA), Институтом Нильса Бора в Копенгагене, с одной стороны, и Институтом теоретической физики им. Л.Д. Ландау — с другой[16].

Эти симпозиумы проводились формально на межинститутском уровне, но как и ранее, в них участвовали теоретики со всего Союза. Координатором со стороны NORDITA был Ален Лютер, который уже назывался мною в ряду участников первого советско-американского симпозиума. К этому времени он переехал в Копенгаген. Обычно Ален Лютер для приезда в Москву собирал интернациональную команду, в которую входили ученые из США, а также Франции и других европейских стран. Так что фактически советско-американский симпозиум продолжал свою жизнь.

Особенно запомнилась встреча, которую мы проводили в сентябре 1979 г. на озере Севан. В известной степени она стала кульминацией в программе советско-американских симпозиумов. Симпозиум продолжался почти месяц. Мы жили в довольно комфортабельном доме отдыха, который нам помог получить Президент АН Армении Виктор Амазаспович Амбарцумян.

Некоторые из американцев приезжали на более короткий срок, сменяя друг друга. Стояла удивительно теплая осень, можно было купаться в озере. Свежая рыба из Севана и фрукты не исчезали со стола.

Научные дискуссии не прекращались ни на минуту, но ощущалось известное напряжение. Западные ученые проводили «закрытые» заседания на пляже, чем напоминали советские делегации за границей. В это время вопрос о правах человека в СССР приобрел особую актуальность, и зарубежные ученые, чтобы не потерять лицо у себя в стране, обязаны были показать свое отношение к этой проблеме. Но вместе с тем они очень ценили научное сотрудничество с нами и поэтому старались своими действиями не навредить гостеприимным хозяевам. Насколько мне известно, все эти закрытые заседания не привели к каким-либо открытым выступлениям. Дело ограничилось лишь посещением в Москве семинара «отказников».

Из вышеописанных историй читатель мог уже заключить, что разрешения на поездки за рубеж постоянно сопровождались трудностями. К этому нужно добавить, что в случае отказов никогда никаких объяснений не давалось.

---

[16] См. выше.

Получив отказ, я обычно долго мучился, пытаясь угадать его причины. В августе 1975 г. в Хельсинки проходила очередная конференция по физике низких температур (это область физики, которой я посвятил, можно сказать, полжизни). Конференция проходила сразу же после подписания знаменитого Хельсинкского соглашения. И советской стороной, которая, несомненно, стремилась показать серьезность своего отношения к Хельсинкским соглашениям, была подготовлена неслыханно многочисленная делегация, включавшая ученых не только из АН, но и из других ведомств. В нее входило 50 человек, среди которых оказалось много людей, выезжавших впервые. Заметим, что Финляндия из всех западных стран считалась наиболее легкой для выезда, поскольку Советский Союз имел соглашение с Финляндией о выдаче «невозвращенцев».

Выезд должен был состояться в воскресенье. Как уже говорилось, разрешение обычно приходило в середине дня накануне выезда. В этом же случае уже в середине недели стало известно, что поступило «решение инстанций» на всех, кроме двоих. Этими двумя были Алексей Абрикосов и я. С Абрикосовым было все ясно, поскольку он в 1969 г. совершил настоящее «грехопадение», женившись на француженке. После этого он долго состоял в почти «невыездных». Ему разрешались поездки только в социалистические страны. Пункт о «моральной устойчивости» был основным в характеристиках, выдаваемых в райкомах партии.

Ситуация же со мной оставалась загадкой, и ее можно было принять за сигнал, что в «инстанциях» против меня задумано что-то серьезное. Однако в пятницу в конце дня появилось долгожданное «решение», позволявшее и мне, и Абрикосову отправиться в Финляндию. Несмотря на happy end, эта история заставила меня потом долгое время мучиться в догадках, что «они» имеют против меня. Однако настоящий кризис случился только в 1979 г. Эту историю я хотел бы рассказать более подробно.

В декабре этого года в Брюсселе должна была состояться очередная Сольвеевская конференция. Напомню, что эти конференции начали проводиться с начала века на средства ученого-химика Сольвея, изобретателя метода производства соды. По традиции, они были немногочисленны, для участия в них приглашались лишь звезды физики и химии. Участниками первых встреч были А. Эйнштейн, М. Планк, Х. Лоренц и другие корифеи. До последнего времени уровень этих конференций оставался очень высоким.

Один раз, в 1973 г., мне посчастливилось участвовать в Сольвеевской конференции. Она была посвящена астрофизике. Как полагалось, по окончании ее все участники были представлены бельгийскому королю Бодуэну, во время нашей встречи проявившему заинтересованность теми космологическими проблемами, которыми занимался я, и мне показалось, что он внимательно слушал мои ответы. Тогда же я стал членом Сольвеевского комитета. Его возглавлял лауреат Нобелевской премии бельгийский физик Илья Пригожин, сын эмигрантов из России. Быть членом Сольвеевского комитета было очень престижно, и я дал согласие на это, не спросив позволения в Академии наук. А по правилам того времени на участие советского ученого в международных организациях требовалось решение «инстанций», аналогичное тому, которое давалось для выезда за границу. У меня в дальнейшем сложилось впечатление, что этот «грех» тянулся хвостом за мной многие годы.

На следующую Сольвеевскую конференцию в 1976 г. я не поехал. То ли мне не рекомендовали эту поездку, то ли конференция не была своевременно «включена в план». Включение в план было еще одним барьером, часто позволявшим отсекать нежелательные поездки.

Готовясь к Сольвеевской конференции 1979 г., я своевременно позаботился о включении ее в план международных связей АН, а также подготовил предложения по составу делегации (расходы брала на себя приглашающая сторона). Предлагая состав делегаций, всегда необходимо было соблюдать известный баланс, чтобы не раздражать «инстанции». Так сложилось в мире, что среди физиков-теоретиков — большой процент «лиц еврейской национальности», как тогда было принято говорить. Да и у нас в институте их хватало, хотя этот фактор никогда никакой роли внутри институтской жизни, естественно, не играл.

В состав предложенной делегации входили имевшие приглашения Яков Синай, Юрий Климонтович, я, а также ряд других достаточно известных теоретиков, заведомо не обладавших никакими «недостатками». К сожалению, по тем или иным причинам эти «другие» отказались от поездки. В результате «наверх» пошла бумага со списком делегации, полностью состоящей из «лиц еврейской национальности», или, как тогда шутили, «инвалидов пятой группы»[17]. Это вызвало там бурную реакцию. На заседание «выездной комиссии» был вызван для серьезной нахлобучки главный ученый секретарь Академии наук Г.К. Скрябин, подписавший указанную бумагу. По-видимому, возник вопрос, кто предложил такой состав и, естественно, было названо мое имя как руководителя делегации. Это навлекло на меня особый гнев присутствовавшего при этом генерала Г., заместителя председателя КГБ. Возмущенная комиссия приняла решение послать на Сольвеевскую конференцию Синая, Питаевского и Климонтовича. Меня же не посылать, а наказать, запретив вообще все поездки за границу сроком на два года. Как будет видно из дальнейшего, окончательное решение принималось в КГБ.

Вынесение «решений со сроком» было выдержано полностью в духе организации, привыкшей давать «срока» в пору серьезных политических репрессий. Мне известен случай, когда один из моих коллег, не обладавший даже «недостатком» по пятой графе, получил в 1970 г. после поездки на международную конференцию по физике низких температур в Шотландии более длительный срок наказания — 10 лет невыезда — и отбыл его «от звонка до звонка». Его вновь выпустили за границу лишь в 1980 г.

Шаг в сторону — еще немного о мушкетерах

Мне хочется привести здесь еще одну историю, иллюстрирующую уже неоднократно высказываемую мной здесь мысль о том, что для того, чтобы сделать что-то значительное, иногда бывает достаточно всего одного верного мушкетера. Если, конечно, он настоящий мушкетер.

В 1993 г., на праздновании 70-летнего юбилея В.И. Гольданского, в конференц-зале Главного здания Института химических проблем я увидел сидевших в первом ряду Ю.Б. Харитона и А.П. Александрова. Юбилей имел камерный характер, начальства не было, а присутствие «патриархов» объяснялось не только многолетним научным сотрудничеством с Гольданским, но также очень дружественными, родственными отношениями.

Я подошел поздороваться с Харитоном и Александровым, которым было тогда под 90 лет. Мне казалось, что за 50 лет,

---

[17] Национальность указывалась а пятой графе анкет.

которые я их знал, они совершенно не менялись — на лицах была добрая улыбка, а глаза излучали свет. Юлий Борисович вскочил со стула и сказал мне как бы на ухо фразу, которую понимали только мы двое: «Помните, Исаак Маркович, какие дела мы с Вами проделывали?» Под «делами» он имел в виду не наше многолетнее деловое научное сотрудничество на всех этапах создания ядерного оружия — от атомного до водородного, в котором вершиной моего участия явилось членство в Госкомиссии[18], принимавшей в 1955 г. проект окончательного варианта водородной бомбы, а нечто совсем другое. Об одном из наших «дел» я сейчас расскажу, тем более что это «дело» имело прямое отношение к сидевшему рядом А.П. Александрову.

В 1975 г. Академия пышно отмечала свой 250-летний юбилей. Членов Академии наук осыпали многочисленными орденами. За столом Президиума торжественного заседания, происходившего в концертном зале «Россия», сидели первые лица государства — Л.И. Брежнев и Н.В. Подгорный (еще не впавший в немилость). В какой-то очень торжественный момент происходила церемония выноса Красного знамени АН, которое нес А.П. Александров. Все это чем-то напоминало торжественную пионерскую линейку. (Интересно, где теперь это знамя АН СССР?)

Я заметил, что во время выноса знамени Брежнев и Подгорный обменялись каким-то замечанием. Было известно, что в ходе подготовки этого юбилея президент АН СССР М.В. Келдыш пережил небольшую драму. Все варианты доклада торжественного заседания, которые ему приносили его помощники, он забраковывал, в то же время он осознавал, что сам был не в состоянии написать доклад — и здоровье не позволяло, и какая-то неудовлетворенность собой и делами Академии. Будучи человеком талантливым и потенциально творческим, он реализовался в математике очень мало. Осознание этого факта пришло как раз в это время, когда частично раскрылся «занавес», расширились международные связи АН, и его коллеги стали ездить за границу и успешно пропагандировать свои научные достижения. В этой ситуации М.В. испытал, возможно, нормальное чувство зависти и неудовлетворенности от того, что, сидя в кресле президента АН, он теряет драгоценное время, а только научно-организационная деятельность творческой

---

[18] Состав Госкомиссии: И.Е. Тамм (председатель), М.В. Келдыш, А.Д. Сахаров, Я.Б. Зельдович, В.Л. Гинзбург, М.А. Леонтович, И.М. Халатников.

личности удовлетворения не давала. Тем более что большую часть времени ему приходилось тратить на рутинные дела, вроде дележа денег на строительство (насколько я понимаю, этот вопрос остается больным до сих пор). А когда М.В. осознал всю ситуацию и свою невозможность написать доклад для торжественного заседания, содержащий нетривиальные мысли, он в отчаянии пришел к заключению, что не может больше оставаться президентом Академии и выступать на таком торжественном юбилее. Этот злополучный доклад он в конце концов поручил сделать своему вице-президенту В.А. Котельникову. Предусмотренный Уставом срок пребывания на посту президента истек, и продлять его он не собирался. В связи с этим самым актуальным вопросом в кулуарах Академии стал, естественно, вопрос об имени будущего президента.

Юбилей праздновался в Москве и на родине Петровской академии — в Ленинграде. Из Ленинграда дошел слух, что на одном из торжественных «возлияний» ленинградский вождь Г. Романов предложил тост за будущего президента и вице-президента АН, назвав имена сидевших за торжественным столом. Многих членов Академии, в том числе и меня, эти кандидатуры не устраивали. Да и поддержка Романова вряд ли прибавляла что-то к репутации кандидатов.

После общего собрания Академии происходили собрания секций АН. Секция физико-технических наук заседала в конференц-зале Института автоматики и телемеханики. В перерыве заседания я прогуливался в стеклянном холле с А.П. Александровым. Я рассказал ему о слухах, пришедших из Ленинграда, и заметил, что следует серьезно подумать о кандидатуре будущего президента. У А.П. заблестели глаза, и он предложил мне созвониться и встретиться, чтобы обсудить этот вопрос. Наше знакомство и отношения с Александровым начались еще в 1946 г., когда он заменил смещенного Сталиным со всех постов, впавшего в немилость П.Л. Капицу в качестве директора Института физических проблем, где я в то время начинал свою научную карьеру у Л.Д. Ландау. 30 лет знакомства давали мне право компетентно судить о качествах А.П. Александрова. Как и все ученики А.Ф. Иоффе, он был высококвалифицированным физиком, однако больших научных заслуг не имел. Однако доброжелательно относился к работе бывших сотрудников П.Л. Капицы и сохранил атмосферу этого уникального учреждения. Замечу, что все эти годы его научные и, главным образом, инженерные интересы, а инженер он был, несомненно, выдающийся, сконцентрировались в Институте атомной энергии, где он был первым заместителем И.В. Курчатова. Еще со времен Великой Отечественной войны, когда он занимался размагничиванием корпусов военных кораблей и защитой их от мин, у него сложились особые отношения с морским флотом, и поэтому среди его главных достижений сохранились в памяти создание атомных ледоколов и атомных подводных лодок. Известно также, что он имел отношение к проектированию атомных реакторов, в том числе Чернобыльской АЭС, но я, не будучи специалистом, не рискну обсуждать этот вопрос. Думаю, что взрыв реактора Чернобыльской АЭС явился результатом очень многих обстоятельств и колоссальной некомпетентности целой цепочки лиц, за которые А.П. не мог нести ответственности.

После разговора с А.П. Александровым мне стало ясно, что нет никакой необходимости звонить ему, поскольку есть только один возможный кандидат на должность будущего президента АН — это он сам.

А.П. Александров имел достаточно большой опыт научно-организационной деятельности, был членом ЦК КПСС, что означало и связи, и поддержку в высших эшелонах власти. При этом он был человеком демократичным и в известной степени доброжелательным, разве что был несколько субъективен в оценке людей близкого окружения, что было не так опасно. Вырос он и сформировался в коллективе, где работали прекрасные физики: И.В. Курчатов, Л.А. Арцимович, И.К. Кикоин, так что интуитивно способен был чувствовать пульс науки. По-видимому, появление А.П. с Красным знаменем на юбилее АН подсознательно подтолкнуло меня к идее рассматривать А.П. Александрова как будущего президента.

Теперь нужен был сценарий осуществления этой идеи. Политтехнологов в ту пору, слава богу, не было, поэтому пришлось все делать самому. Обсуждать план действий и спрашивать согласия у А.П. не имело смысла, поскольку он в то время был достаточно самокритичен и не имел амбиций, чтобы претендовать на должность президента АН. Единственной «боевой единицей», на которую можно было рассчитывать, был Ю.Б. Харитон. Можно было предполагать, что у него есть прямой выход на председателя КГБ Ю.В. Андропова, поскольку характер его работы, несомненно, нуждался в контактах с ним.

Нужно было еще найти несколько влиятельных членов АН, которые бы поддержали мою идею и убедили Ю.Б. в правильности выбора. Естественным для меня было выбрать Е.П. Велихова, моего старого друга, который был в то время зам. А.П. Александрова в Курчатовском институте. Я поделился с ним идеей, и мы нашли взаимопонимание. Первая встреча «инициативной группы» — Харитон, Велихов и я — состоялась у меня дома, тогда же были названы возможные союзники — два лауреата Нобелевской премии, оба они сочувственно отнеслись к кандидатуре Александрова, но участвовать в каких-либо публичных действиях отказались. Один из них, очень почтенный человек, сознался Ю.Б. Харитону, что он боится нажить врагов среди других потенциальных кандидатов. Этот отказ очень огорчил Ю.Б., и он было впал в уныние, но как настоящий боец не привык отступать. И мои слова «будем действовать в одиночку» упали на благодатную почву.

На следующий день Ю.Б. встретился с Ю.В. Андроповым, который с энтузиазмом одобрил идею и в тот же день обсудил ее с Л.И. Брежневым. Высочайшее согласие было получено. Как стало позже известно, игра происходила в условиях цейтнота, так как к этому времени на столе у М.В. Суслова уже лежал проект решения секретариата ЦК о назначении другой кандидатуры президентом АН СССР. Вскоре эпопея завершилась — А.П. был назначен президентом АН СССР (формальные выборы не имели значения). Последняя любопытная подробность. Когда Ю.Б. Харитон и Е.П. Велихов приехали к Александрову сообщить о предполагаемом назначении на высокую должность, тот сначала отчаянно сопротивлялся и даже всплакнул. Однако сопротивлялся недолго.

Ю.Б. очень гордился этой победой и высоко ценил мою инициативу. По характеру работы он был далек от Академии наук, но ее судьбу принимал близко к сердцу. Не удивительно, что встретив меня на юбилее Гольданского, он вспомнил именно это наше общее «дело». К сожалению, это была последняя наша встреча с Ю.Б. Харитоном.

Переписка с Андроповым

Возвращаюсь к рассказу о своем «невыезде на два года». Вся эта история со «сроком» меня сильно задела, но выглядела совершенно безнадежной, поскольку некому и некуда было жаловаться. Я попросил вице-президента АН, моего друга Евгения Павловича Велихова попытаться прояснить ситуацию. Он встретился с генералом Г., ответственным за злополучное решение, но вернулся от него подавленный и признался, что ничего сделать не удалось.

Остался последний шанс — поговорить с президентом АН Анатолием Петровичем Александровым. Его предшественник М.В. Келдыш не раз выручал меня в подобных ситуациях. Через несколько дней (это было в начале 1980 г.) Анатолий Петрович сообщил мне, что беседовал с генералом Г., но не смог его ни в чем переубедить. Под конец разговора он посоветовал мне попроситься на прием к Ю.В. Андропову, в то время председателю КГБ. Такой совет был для меня совершенно неожиданным, я засомневался: примет ли он меня? И когда получил утвердительный ответ, то задал последний, очень важный вопрос: могу ли я при обращении к Андропову ссылаться на его, Александрова, рекомендацию? На этот вопрос я тоже получил положительный ответ.

После встречи с Анатолием Петровичем я несколько недель размышлял и все не решался писать письмо Андропову. Во-первых, обращение к нему означало, что я ввязываюсь в серьезную борьбу, в известной мере задевающую амбиции его заместителя генерала Г. Во-вторых, я не очень надеялся на то, что моя проблема, не имевшая большого государственного значения, может заинтересовать фактически второе лицо в государстве, у которого в это время и без того была постоянная головная боль и от начавшейся войны в Афганистане и от чрезвычайного положения в Польше.

Наконец, встретивший меня случайно в Академии наук Анатолий Петрович сразил меня вопросом, написал ли я письмо Андропову. Это показало, что он к данному мне совету относится серьезно. Возможно также, что он, как человек азартный, уже заинтересовался начинавшейся игрой.

На следующий день я отправил Андропову письмо. Я понимал, что оно должно быть очень кратким, без упоминания каких-либо деталей, которые давали бы возможность его помощникам легко отписаться. Я просил принять меня в связи с непонятными проблемами, возникшими вокруг моих зарубежных поездок. Письмо начиналось словами, что я обращаюсь к Юрию Владимировичу по совету президента Академии наук. Это было моим главным козырем в будущей игре.

По прошествии некоторого времени мне позвонил старший помощник Андропова и пригласил встретиться в приемной КГБ на Кузнецком мосту, объяснив, что сам Андропов личные приемы не ведет. Говорят, что во дворе дома, где находится приемная, в годы массовых репрессий стояли длинные очереди с передачами для заключенных.

В назначенный час я вошел в большой кабинет с письменным столом, уставленным десятками телефонных аппаратов. Помощник Юрия Владимировича назвал мне свое настоящее имя и фамилию — Павел Павлович Лаптев. Это был человек средних лет, достаточно любезный, с усталым лицом. Ничего «генеральского» в его манерах не было. К сожалению, разговор не клеился. Тем не менее Павел Павлович исписал несколько страниц мелким убористым почерком и, доброжелательно попрощавшись, обещал внимательно разобраться в моем деле.

Прошло несколько месяцев, прежде чем раздался телефонный звонок, приглашавший меня снова в приемную КГБ. На этот раз в том же кабинете меня встретил человек с явно выраженными генеральской внешностью и манерами. Его амбициозность так и лезла наружу. Он назвался Иваном Михайловичем — явно вымышленным именем, как было принято в этой организации. Я интуитивно почувствовал, что разговора у нас не получится, поэтому решил ждать, что он скажет. Наконец он произнес: «Вы же разгласили Черноголовку!» Очевидно, имелось в виду мое интервью десятилетней давности журналу «Scientific American», в котором я называл хорошо известное уже в то время место, где находился научный центр АН. Я продолжал молчать, решив не втягиваться в бессмысленную дискуссию вокруг проблемы, не стоящей выеденного яйца и придуманной людьми, которые «опекали» АН.

Наконец, он выдал решение: «Вы можете ездить за границу, но не один и не в Америку». Я переспросил, что означает «не один», достаточно ли выезжать вдвоем. Он мгновенно отреагировал, сказав: «Нет, лучше больше». Тут я сразу понял, что вопрос был лишний, и решил больше вопросов не задавать. Как человек военный, Иван Михайлович сообщил мне, несомненно, буквальную резолюцию Ю.В. Андропова. Свободу толкования ее я решил оставить за собой. В конечном счете, я мог быть удовлетворен результатом, отменявшим решение генерала Г., а сохраняющиеся ограничения были данью чести его мундира.

Я снова начал выезжать, соблюдая принцип о поездке вдвоем. Как правило, этим вторым был мой близкий сотрудник, с которым мы опубликовали совместно много работ, поэтому наше появление за рубежом вдвоем не вызывало большого удивления, хотя в течение ряда лет мы выглядели, как Добчинский и Бобчинский.

К сожалению, моя переписка с Андроповым на этом не закончилась. В начале 1982 г. мы с моим постоянным спутником должны были выехать в Бразилию для чтения лекций в школе по космологии в Рио-де-Жанейро. Примерно за неделю до отъезда я встретил в Президиуме АН начальника УВС В. Добросельского, человека интеллигентного и доброжелательного, проработавшего много лет на дипломатической работе, который сказал мне: «Я должен вас огорчить — вы в Бразилию не поедете, но меня просили передать, чтобы вы не обижались, поскольку знаете почему». И хотя эта информация содержала новый акцент — те лица, которые ранее сообщали о своих решениях безапелляционно, сейчас просили меня не обижаться.

Тем не менее я решил обидеться. Я почти сразу догадался, что тот чиновник, который готовил решение, по-видимому, стал изучать на глобусе, где находится Бразилия, и обнаружил ее на американском континенте. А поскольку в моем досье хранилась резолюция, запрещавшая мне ездить в Америку, то он и подготовил отрицательное решение. В то же время мне было очевидно, что резолюция предусматривает запрет только на выезд в США. Я снова написал письмо Андропову, которое на этот раз было более подробным, поскольку я мог сослаться на решение, принятое им за два года до этого. Прошла неделя — никакой реакции, в КГБ было не до меня. КГБ находился в шоке — покончил самоубийством первый заместитель Андропова и человек Брежнева генерал С.К. Цвигун. Подробности этой драмы (не исключено, что полувымышленные) читатель может найти в известном бестселлере Эдуарда Тополя и Фридриха Незнанского «Красная площадь».

Время шло, Цвигуна уже похоронили, до предполагаемого отъезда оставалось несколько дней, а никакой реакции по-прежнему не было. Сознаюсь, я нервничал, но решил сражаться до конца. Легко сказать — «сражаться», но как, я не знал. Наконец, за день до отъезда у меня дома в 8 часов вечера раздался телефонный звонок. Я услышал в трубке знакомый голос: «Говорит Иван Михайлович. Вы можете ехать в Бразилию».

Я заметил: «Вот видите, Иван Михайлович, как можно было бы просто решить все вопросы, если бы у меня был ваш телефон», — на что он быстро и резко отпарировал: «Вы же видите: когда вы нам нужны, мы вас находим»[19]. Хотя говорят, что последняя фраза была стереотипной для КГБ, я ее считаю оскорбительной.

Что же касается П.П. Лаптева, которого я упоминал в начале истории, то его имя, когда Андропов стал генеральным секретарем, фигурировало иногда в официальных сообщениях, он назывался старшим помощником. История моей «переписки» с Андроповым — еще один штрих к портрету этой неоднозначной личности. Он вник в незначительное по его масштабам дело и защитил меня от самодурства своего заместителя.

Не секрет, что часть интеллигенции связывала свои надежды на лучшее будущее страны с приходом Андропова к власти. Мы очень мало знаем о наших «вождях». Создавалось впечатление, что он был более интеллигентен и образован, чем Брежнев и его соратники. Да и некоторые становившиеся известными факты говорили в его пользу. Например, то, что Евгений Евтушенко мог звонить ему домой, когда арестовали Солженицына. Анатолию Петровичу Александрову, который хлопотал о Сахарове, высланном в Горький, Андропов сказал, что эта ссылка была самым «мягким» наказанием в условиях царившего в Политбюро психоза, когда другие его члены требовали значительно более суровых мер.

К сожалению, факты, ставшие известными позже, говорят скорее о том, что мы были склонны несколько идеализировать эту личность. Я имею в виду воспоминания генерала О. Калугина о подробностях организации убийства болгарского диссидента Маркова или ответ Андропова на письмо Петра Леонидовича Капицы о необходимости диссидентского движения для функционирования нормального общества. Письмо Андропова Капице, жесткое по существу, написано суконным языком и полно газетных штампов, характерных для того времени, и в нем совершенно не чувствуется какого-либо уважения к оппоненту.

Мой друг писатель Владимир Войнович показывал мне копию письма Андропова в Политбюро «О писателе Владимире Войновиче», сохранившегося в бывшем архиве ЦК. В этом

---

[19] Перечитав вновь эту историю, я теперь понимаю, что Иван Михайлович и генерал Г. это одно и то же лицо (зам. председателя КГБ).

письме Андропов докладывает о том, что писатель Войнович пытается организовать в Москве отделение международного объединения писателей — Пен-клуба. Сообщается также, что по отношению к нему будут приняты специальные меры воздействия, если он не прекратит свою деятельность. Непонятен даже смысл написания такого письма, поскольку вряд ли Брежнев или другие члены Политбюро слышали когда-либо о Пен-клубе. Войнович же считает, что это письмо было направлено с целью получить разрешение на применение специальных мер воздействия. Видимо, того, что мы знаем, еще маловато, чтобы адекватно судить о личности Андропова.

Если говорить о влиянии и воздействии партийных деятелей и КГБ в то время на жизнь ученых вообще и мою в частности, я хотел бы подчеркнуть следующее.

Моя теща в 1940 г. как вдова героя Гражданской войны Н. Щорса получила квартиру в «доме правительства» на набережной после того, как о Щорсе вспомнил Сталин. Некоторые наивные люди считали, что если я живу в доме правительства, то я могу, просто перейдя через Каменный мост, свободно ходить в Кремль, чуть ли не к самому товарищу Сталину. Ну или, соответственно, к любому его преемнику. Это, естественно, все относится к области ненаучной фантастики. Я не то что в ЦК, но даже в райкоме партии за все годы советской власти ни разу не был. Меня никто туда не вызывал. Я согласен, что это довольно странно, потому что по моему рангу — директора ведущего института, меня должны были бы по крайней мере приглашать на беседы в Отдел науки ЦК. Единственные мои визиты в ЦК были связаны с поездками за границу. В то время каждая такая поездка обязательно согласовывалась в соответственных партийных органах. И меня действительно вызывали в Отдел выездов, особенно перед первыми поездками, и там инструктировали. Я уже описывал один из таких инструктажей для поездки в Румынию. Что же касается райкома партии, то обо мне, наконец, вспомнили только в 1985 г., когда умер Генеральный Секретарь КПСС К.У. Черненко. Вдруг раздался звонок из райкома партии, и меня пригласили прийти на Красную площадь присутствовать на его похоронах. Это несомненно означало, что грядут большие изменения. И они на самом деле наступили — к власти пришел Горбачев, началась перестройка...

Я стоял на трибуне, которая ближе к Васильевскому спуску, шел такой мокрый грязноватый снег — дело было в марте — по площади проходили войска, печатая шаг. Все это происходило с какой-то необычайной скоростью, просто в бешеном темпе — такие похороны проходили в последнее время достаточно часто, все уже привыкли и наловчились. Так что закончилось все очень быстро. Это приглашение на похороны Черненко я считаю апогеем своей «партийной» карьеры. Выше этого я уже не поднимался. Наступало время больших перемен.

Как мы узнавали о переменах? Что значит то или иное событие, такой или другой порядок, в котором были перечислены официальные лица где-нибудь на передовице «Правды» и что может за этим последовать? У каждого из нас были свои методы, свои навыки чтения тех же газет, выработанные, можно сказать, на собственной шкуре. Это было своего рода искусство. Конечно, в отличие от тридцатых годов мы уже говорили об этом, обсуждали по вечерам на кухне — естественно, только в своем кругу, с людьми, которым могли доверять.

Неверно, что не было свободы слова. Была. Только это слово не было громким, публичным. И свобода распространялась только на очень узкий круг людей в пределах одной отдельной кухни. Там мы говорили совершенно обо всем. И как убивали С. Михоэлса в Минске, и С. Кирова в Ленинграде, мы все это знали и обсуждали. Степень открытости была, как видно, достаточно высокой, но тем не менее, совсем глубоко в каждом из нас все же сидел страх. Был такой эпизод — в 1987 г. ко мне приехал мой давний товарищ. Он был в свое время комсомольским деятелем на уровне ЦК комсомола, затем создал академический институт. Ну и со времен работы в ЦК комсомола остался дружен со многими деятелями тогдашней верхушки. Вот он приехал ко мне после встречи с А. Лукьяновым в Кремле, мы пообедали, выпили, поговорили. Дружили мы давно, и, естественно, диапазон наших разговоров, особенно уже в то время — это был, повторю, 1987 год — был достаточно широк. Мы сидим в моем кабинете, и вдруг он, понизив голос, страшным шепотом сообщает мне на ухо: «Ты знаешь, ОНИ, кажется, готовы ликвидировать колхозы!»

Вообще в то время понятие «Они!» имело абсолютную и очень страшную подавляющую силу. У каждого были свои «они». Надежда Мандельштам первая написала в своих воспоминаниях про К. Симонова, что он-де хотел дать ей квартиру от Союза писателей, но «они» не позволили. «Они» были даже у Генерального секретаря ЦК КПСС. Была, например, такая история.

После доклада Н.С. Хрущева «О культе личности» на пленуме ЦК КПСС в 1956 г. во всех парторганизациях проводились закрытые партсобрания, на которых зачитывался этот доклад, и проводились его обсуждения. Особенно бурные обсуждения произошли в ИТЭФ. Этот институт подчинялся Министерству атомной энергии (Средмаш), и поэтому его партийная организация была в подчинении Политуправления министерства, а не районного комитета партии. В ИТЭФ, возглавляемом другом Ландау Абрамом Исааковичем Алихановым, был большой теоротдел, в котором работало много учеников Дау, а начальником был любимый ученик, И.Е. Померанчук (Чук). Секретарем парторганизации института был Володя Судаков. Именно он был за рулем машины в январе 1963, в день роковой аварии, искалечившей жизнь Ландау.

На партсобрании интеллигентная часть партийцев очень возбудилась от услышанного в докладе Хрущева. Начались очень резкие выступления. А Юрий Орлов, молодой и очень талантливый физик, автор оригинальной идеи создания ускорителя элементарных частиц, по характеру типичный «революционер», договорился на этом собрании совсем до радикальных призывов. Он вспомнил слова В.И. Ленина о том, что в ответственные моменты истории народ должен вооружаться, и призвал окружающих выполнять заветы вождя.

В общем, о собрании в ИТЭФ доложили во все партийные инстанции, вопрос обсуждался на Политбюро ЦК КПСС, и было принято беспрецедентное в истории партии решение о роспуске парторганизации ИТЭФ. В самом деле, устав КПСС допускал такую высшую меру наказания. Все члены распущенной организации считались исключенными из КПСС, и специальная комиссия политуправления должна была производить их персональный прием обратно в партию по личным заявлениям. По результатам работы этой комиссии Володя Судаков получил строгий выговор, а трое самых активных участников собрания были из партии исключены, и среди них оказался, естественно, Юрий Орлов. Дирекции института было рекомендовано уволить всех троих. Но работа Юрия Орлова была крайне важна для проводимых институтом исследований, и поэтому директор института Алиханов пытался сопротивляться. Он позвонил лично Н.С. Хрущеву и попросил его дать разрешение все-таки не увольнять ценных для института работников. Но получил отказ, сопровождающийся такими словами: «Вы не понимаете, о чем просите. Вы не знаете, что происходило на Политбюро. Они вообще требовали арестовать всех троих».

Все друзья Юрия Орлова приняли участие в его устройстве на работу. В конце концов он стал работать в Ереванском Институте Физики, который был создан Артемием Исааковичем Алиханьяном, братом Абрама Исааковича Алиханова. Юрий Орлов создал свой уникальный ускоритель там.

В 1975 г. Л.И. Брежнев подписал Хельсинкский протокол, который, среди прочего, давал гарантии правам человека. Диссидентское движение увидело в Хельсинкском протоколе новые надежды на достижение гражданских свобод. «Профессиональный революционер» Юрий Орлов возглавил созданную в Москве Хельсинскую группу. В действиях этой группы власть усмотрела (и правильно усмотрела!) серьезную угрозу существующему строю. Юрий Орлов был арестован, судим и отправлен в ссылку, где долгие годы пребывал в тяжелейших условиях. В годы перестройки он был с почетом из ссылки возвращен. Не знаю, удовлетворен ли он дальнейшим ходом российской истории.

Известна еще одна похожая история. Когда Президент Академии наук А.П. Александров позвонил Андропову по поводу ссылки Сахарова в Горький, то Андропов ответил ему практически теми же словами: «Что вы! Вы не представляете, о чем просите. Они требовали сослать его в Сибирь!»

Эти сакраментальные «они» существовали для всех уровней власти, не исключая самого Генерального секретаря. При этом на всех уровнях, когда говорили «они», при этом рукой показывали куда-то на потолок. На этом «они» держалась вся советская власть.

Я думаю, что под «они» у Хрущева и у Андропова понимались остальные члены Политбюро. Все эти люди были настолько крепко между собой повязаны, что никто из них, даже занимающий главный пост, абсолютной верховной власти никогда не имел. В этом была очень важная, интересная особенность системы. Работала круговая порука, сильная, неразрывная взаимозависимость. Собственно, кризис или путч 1991 г. произошел потому, что Горбачев попытался так или иначе эту круговую поруку разорвать. А «они» пытались ему этого не позволить. Горбачев так или иначе победил, и после этого, действительно, началась другая эпоха, в которой уже работали несколько другие правила.

80-летие Ландау

В январе 1988 г. мы собирались отметить 80 лет со дня рождения Льва Давидовича Ландау. Не успели мы еще определиться с планами, как получили предложение от известного израильского физика Ювала Неймана провести в Тель-Авиве международную конференцию по теоретической физике, посвященную этому событию.

В то время официальные отношения с Израилем только начинали налаживаться, и делегации Академии наук еще не выезжали в эту страну. Данное обстоятельство, а также естественная необходимость проведения такой конференции в Москве, где работал и жил Ландау, создавали довольно сложную ситуацию. Поэтому возникла идея: вместо указанных двух конференций провести одну в Копенгагене, в Институте Нильса Бора, где в свое время Ландау начинал свою научную карьеру. Относительно Копенгагена удалось договориться довольно быстро. Однако, когда мы сообщили об этом решении в Израиль, то получили ответ, что там подготовка к конференции идет полным ходом, и уже разосланы приглашения. С одной стороны, нельзя было не считаться с этим фактом, но с другой — приготовления к конференции в Копенгагене тоже уже начались. Выход из положения помог найти тогдашний президент АН Гурий Иванович Марчук. Он сумел получить в ЦК КПСС разрешение послать на конференцию в Тель-Авив немногочисленную, но авторитетную делегацию. Что же касается копенгагенской конференции, то нам представилась возможность послать туда большую делегацию, включавшую как учеников Ландау, так и многих других крупных теоретиков. Проведение двух столь представительных юбилейных конференций исключало необходимость аналогичной в Москве. К тому же, поскольку конференция в Копенгагене проводилась в рамках нашей постоянной программы сотрудничества с NORDITA и Институтом Нильса Бора, то запланированная на следующий,

1989-й год, ответная конференция в Москве в рамках той же программы как бы восстанавливала баланс сил.

В результате летом 1988 г. были проведены последовательно две международные юбилейные конференции. В Тель-Авив прибыла первая в истории советско-израильских отношений делегация Академии наук СССР. В ее состав входили три академика: Людвиг Дмитриевич Фаддеев, директор Ленинградского отделения Математического института, Юрий Андреевич Осипьян, директор Института физики твердого тела, и я, представлявший Институт Ландау. Нашу делегацию тепло приветствовали на конференции. Трогательными были встречи с коллегами, эмигрировавшими в Израиль. Было приятно снова увидеть Наума Меймана, Марка Азбеля, Вениамина Файна, Сашу Воронеля и других. На этой конференции было также много ученых из США и Европы. Марк Азбель выступил с лекцией «To be a student of Landau». То, что представитель Харьковской школы Ильи Лифшица, никогда не работавший с Ландау и даже не сдававший ему экзамены теоретического минимума, выдавал себя в Израиле за ученика Ландау, могло вызвать только улыбку.

Мне пришлось дважды выступать с воспоминаниями о Ландау — сначала в Тель-Авиве, потом — в Копенгагене. Конференция в Копенгагене получилась очень представительной. От нашей страны приехало около 20 участников, среди которых было много членов АН. Программа включала обзорные доклады, представленные западными и нашими участниками.

Вся конференция прошла в необычайно праздничном стиле, советская делегация была окружена вниманием не только организаторов, но и посольства СССР. Посол Б.Н. Пастухов устроил большой прием для участников. Здесь хотелось бы отметить, что наше посольство в Копенгагене было традиционно гостеприимным по отношению к ученым из Советского Союза, посещавшим Данию. Б.Н. Пастухов продолжал традицию, которая начиналась еще при предыдущем после Н.Г. Егорычеве. Мне приходилось несколько раз встречаться с послом Егорычевым в неофициальной обстановке и иметь с ним дружеские и откровенные беседы. Егорычев, по нынешней терминологии, — бывший партаппаратчик. Он занимал высокий пост первого секретаря Московского комитета партии, но посмел беспрецедентно открыто критиковать Брежнева и за это был «сослан» послом в Данию. На меня он производил впечатление умного и интеллигентного человека. В пользу этого говорит и тот факт, что Капица любил с ним играть в шахматы. Хотя, по правде говоря, я слышал о нем и не очень одобрительные отзывы. Все возможно, но это лишний раз подтверждает, что людей нельзя красить одним цветом.

В октябре 1989 г. мы провели ответный симпозиум совместно с NORDITA, который можно рассматривать как естественное продолжение конференции в Копенгагене 1988 г. Это был последний из серии традиционных советско-американских и советско-датских симпозиумов, начало которой положил первый советско-американский симпозиум 1969 г. В течение двадцати лет эти международные форумы ученых играли очень заметную роль в прогрессе теоретической физики. Но всему приходит конец. Начинался распад Советского Союза и «большой разъезд» советских ученых.

Последний мушкетер

В декабре 1989 г. Нью-Йоркская академия наук предложила провести совместно с Институтом Ландау небольшой советско-американский симпозиум по теоретической физике. Следует сказать, что членами этой академии могут быть все желающие, если они готовы заплатить ежегодный взнос. Она очень многочисленна и скорее напоминает клуб. О том, как происходит прием в эту Академию, хорошо говорит следующий факт. В 1994 г. она разослала приглашения вступить в ее состав 40 тысячам ученых, адреса которых она, по-видимому, нашла по их публикациям. Тысячи таких приглашений пришли и в Россию. Всякий заплативший около 100 долларов мог получить диплом Нью-Йоркской академии наук. Так или иначе, но она проявила инициативу и провела симпозиум, за что мы должны быть ей благодарны.

Симпозиуму предшествовала взбудоражившая Институт Ландау инициатива о создании в Турине на базе ISI (Института научных обменов) филиала Института Ландау. Предполагалось, что сотрудники Института Ландау будут по полгода поочередно работать в этом филиале.

С начала 1989 г. в Институте Ландау происходило большое «брожение умов». Ряд сотрудников из числа «звезд», такие как Саша Поляков, Костя Ефетов, уже имели приглашения на постоянную работу, и многие из тех, кто считал себя не хуже, тоже подыскивали позиции на Западе. Поэтому и возникла идея создания филиалов института, которые могли бы уберечь его от полного развала, грозившего ему в случае разъезда ведущих сотрудников.

Туринские физики Тулио Редже и Марио Разетти были первыми, кто откликнулся на эту идею. И было условлено, что сразу же после конференции в Нью-Йорке я прилечу в Турин для подписания протокола о намерениях. Но той же осенью вслед за предложением из Турина пришло предложение из США, из Университета A&M в Техасе о создании подобного филиала у них.

Предложение американцев выглядело очень заманчивым — оно включало на той же «полуставочной» основе, что и в Турине, избрание шести почетных (исключительных) профессоров из числа наиболее известных людей Института Ландау и участие еще десяти профессоров, которые могли бы из года в год меняться. Это предложение выглядело более привлекательным, чем туринское, поскольку туринский институт не имел постоянного научного штата, с которым можно было бы взаимодействовать, он был создан лишь для проведения конференций и семинаров. Единственное, что меня серьезно смущало в американском предложении, это удаленность Техасского университета от Москвы и Европы, что потенциально таило в себе ряд проблем. За техасским проектом стоял известный теоретик Ричард Арновитт.

Мы условились с Львом Горьковым, который был в то время моим заместителем в институте, воспользоваться нашим приездом в США на симпозиум в Нью-Йорк и побывать в Техасе для обсуждения их предложения. Так мы и поступили.

Знакомство с физическим факультетом этого университета оставило у нас обоих хорошее впечатление. Мы увидели высокий научный уровень. Но что меня особенно поразило — это американская деловитость в действии, с которой я там столкнулся. У проректора университета, принявшего нас, уже был проект соглашения, готовый для подписания, и сформированы фонды для этого довольно дорогостоящего проекта. Я был близок к тому, чтобы принять проект. Однако Лев Горьков, мнение которого для меня было важным, проявил некоторую холодность и незаинтересованность. Это и решило судьбу проекта. Невозможно описать выражение лица проректора, когда мы ему сообщили о нашем отказе. Немаловажным мотивом для нашего отказа были также далеко продвинутые переговоры в Турине. Поставив на «туринскую лошадку», мы совершили, как вскоре стало ясно, серьезную ошибку.

Из Техаса я прямо полетел в Турин, а Лев Горьков задержался в США, отправившись в Урбану, в Иллинойсский университет. В этом университете работали наши старые друзья — Джон Бардин и Дэвид Пайнс. Тесно связан был с этим университетом также и Боб Шриффер, который в это время занимался созданием Национальной магнитной лаборатории во Флориде (в Талахаси). В Турине был быстро подписан протокол о намерениях, согласно которому в начале 1990 г. группа наших специалистов в области сверхпроводимости в составе 12 человек должна была выехать в Турин на полгода. Однако реализация проекта с самого начала проходила с большими трудностями.

Приехавшие в Москву в феврале Марио Разетти и его ближайшая помощница Тициана Бертолетти устроили настоящий торг, пытаясь снизить число участников до шести. Это было плохим сигналом. В конце концов в результате острых разговоров сошлись на том, что в первой смене будет 10 участников из Института Ландау. В начале апреля эта первая смена во главе с Горьковым выехала в Турин. Они там проработали 5 месяцев, однако ожидаемого резонанса не только в Европе, но даже в Италии приезд и работа в Турине очень авторитетной группы физиков не имели.

В дальнейшем наш туринский проект после некоторых конвульсий бесславно скончался. Вторая же смена, которая должна была выехать в 1990 г. в Италию, в начале 1991-го благополучно приземлилась в Париже. В этой смене выезжал и я. Это был мой первый и последний выезд в филиалы Института Ландау, которые были созданы во Франции и Вайцмановском институте в Израиле.

Когда в августе 1991 г. я вернулся из Франции, выяснилось, что мой заместитель Горьков выехал на постоянную работу в США в Национальную магнитную лабораторию, организованную Бобом Шриффером. Таким образом, последний из моих мушкетеров, с которыми я начинал Институт Ландау, покинул поле боя. Это был окончательный сигнал о том, что Институт Ландау в прежнем виде спасти не удастся.

С Львом Горьковым нас связывало многолетнее сотрудничество. Они вместе с Робертом Архиповым в некотором смысле внезапно появились в Институте физических проблем в 1952 г. в качестве студентов-дипломников. Они оба сдали экзамены теоретического минимума, но их базовым был Институт атомной энергии. Однажды Ландау привел этих двух студентов, прибывших из Курчатовского института, и попросил меня пристроить их к какой-либо из специальных тем, которыми мы в те годы занимались. В 1953 г. Лев Горьков и Роберт Архипов стали аспирантами Ландау. Занимаясь специальной темой, они проявляли также интерес и к другим физическим проблемам. Мое взаимодействие с ними убедило меня уже тогда, что мы имеем дело с двумя очень талантливыми людьми. Когда в конце 1953 г., через несколько месяцев после смерти Сталина, Ландау решил больше не возвращаться к «специальным проблемам по заданию правительства», то после слов: «Его больше нет (он имел в виду Сталина), я его не боюсь и больше этим заниматься не буду», добавил: «А этих двух аспирантов забирайте себе».

Таким образом я стал руководителем двух аспирантов — Горькова и Архипова. Ландау явно их в то время недооценил. Оба успешно подготовили у меня кандидатские диссертации. Горьков — по квантовой электродинамике частиц со спином 0 и 1, а Архипов — по теории сверхтекучести жидкого гелия. В дальнейшем по моей рекомендации Архипов перешел в Институт высоких давлений к Л.Ф. Верещагину, где в течение многих лет возглавлял теоретический отдел. Горьков оставался в Институте физических проблем, но Ландау смог оценить его талант лишь в 1958 г., когда Горькову удалось переформулировать теорию сверхпроводимости в координатном пространстве и вывести уравнения Шредингера для двух гриновских функций, описывающих сверхпроводник.

Ландау относился к Горькову с симпатией, хотя и шутил, что побаивается его. Это, по-видимому, объяснялось строгим видом Горькова, который ему придавало пенсне. Я горжусь тем, что оценил талант Горькова раньше, чем это сделал Ландау.

Окно в Европу и целый мир

Американский журнал «The Scientist» в 1990 г. опубликовал таблицу десяти лучших научно-исследовательских учреждений Советского Союза. В это время уже началась так называемая «утечка мозгов», и а связи с этим американцы усилили внимание к уровню науки в Советском Союзе. В эту таблицу вошли Московский университет, Объединенный институт ядерных исследований в Дубне, Физический институт им. П.Н. Лебедева АН, Физико-химический институт им. Л.Я. Карпова, Институт теоретической и экспериментальной физики, т.е. крупномасштабные учреждения. В этом списке лучших институтов оказался и Институт теоретической физики им. Л.Д. Ландау. Отбор производился по индексу цитирования, в рассмотрение включались институты, которые превзошли некий порог по числу публикаций. Так вот, среди десяти лучших институтов Советского Союза Институт теоретической физики, получивший в 1968 г., после смерти Ландау, его имя, был поставлен на первое место. Средний индекс цитирования — больше 16. Замечу, что институты, которые оказались на последних местах в десятке лучших, имели индекс около 4. Отрыв в 4 раза! Эта публикация создала дополнительную рекламу нашему институту.

К 1989 г. в Институте им. Л.Д. Ландау работало уже 11 членов нашей Академии наук. Для маленького научного института, в котором работало тогда 70 научных сотрудников, это довольно высокий процент. Таким образом, наши успехи были признаны и в стране, и за рубежом.

Начиная с 1989 г. мы почувствовали разрушительное действие «утечки мозгов». Страна открылась, поездки стали свободными, а многие из наших ученых, даже молодые, имели мировое имя. К этому времени у нас образовалось три поколения учеников, это уже были не ученики Ландау, а, как их называли, представители школы Института Ландау. Институт приобрел большую популярность, американские университеты начали охоту за нашими учеными. Вошло в моду приглашать кого-нибудь из Института Ландау — это привлекало и американских ученых, и студентов. Институт начал терять своих лидеров, которые уезжали в США на постоянную работу. Это предвещало конец. Когда мы потеряли Ландау, мы его заменили группой лидеров, но если распадается коллектив лидеров, то у института уже нет своего лица. Стали думать, как спасти институт. Все понимали, что наилучшее решение проблемы — это сделать так, чтобы наши ведущие ученые, которых привлекает работа на Западе, половину времени проводили там, а половину — в институте, поддерживая связь с коллективом сотрудников, со студентами.

К сожалению, в туринском институте дело оказалось недостаточно хорошо организовано. Европейские и даже итальянские ученые не были привлечены к деятельности этого центра. Кстати говоря, на Западе нет таких традиций коллективного труда, какие были в нашей стране. Там не принято обмениваться своими идеями, обсуждать предварительные результаты. Интерес к чужим работам отсутствует, и некоторые ученые, осевшие на Западе, жалуются на свое одиночество, вспоминая золотое время в Институте Ландау, где была творческая атмосфера и товарищи, которые проявляли искренний интерес к их работе.

Наша итальянская программа проработала полгода, а затем стало ясно, что у организаторов нет средств. Между тем вторая смена из 10 человек уже была готова выезжать. Я оказался в сложном положении: зря взбудоражили людей вместе с их семьями. И тогда я решился и послал факс Даниэлю Тулузу, директору департамента физики Французского национального совета научных исследований (CNRS), с которым я до этого говорил лишь однажды. Основной аргумент, который я использовал в обращении к Даниэлю Тулузу, сводился к тому, что советская наука (включая Институт Ландау) — часть европейской культуры, и поэтому «утечка мозгов» из нашей страны разрушает также и европейскую культуру. Почву я нащупал верно, потому что французы очень ревниво относятся к тому, что американцы перекупают всех ученых, в том числе и французских.

Через месяц, вернувшись из отпуска, я обнаружил, что у меня дома непрерывно звонит телефон — мне хотели сообщить, что французское правительство нашло средства и готово принять нашу вторую смену, которую мы подготовили для Италии. Это было в августе 1990 г., а в январе 1991 г. наша вторая «итальянская» смена выехала во Францию. Группа была смешанная. В нее входили и математики, такие, как Сергей Петрович Новиков, и астрофизики, и наши крупные специалисты по физике низких температур. Эта группа очень успешно проработала полгода во Франции.

В 1990 г. делегация Академии наук ездила в Израиль вести переговоры о сотрудничестве. Ко мне обратился президент Вейцмановского института с предложением создать и у них филиал. Вопрос решился буквально на лестнице за 5 минут. И уже с 1992 г. такой филиал начал работать. Программа действовала три года в зимний период. Особенно результативной оказалась последняя смена, когда совместными усилиями были достигнуты большие успехи в теории турбулентности.

Советский директор немецкого института, или не в коня корм

Весной 1988 г. в Швейцарии проходила известная международная конференция по высокотемпературной сверхпроводимости. Это было вскоре после открытия, сделанного К. Мюллером и Дж. Беднорзом, когда бум вокруг этого явления достиг апогея. В перерыве заседания ко мне подошел Питер Фулде, один из директоров (по-нашему зав. отделом) Института физики твердого тела им. Макса Планка в Штутгарте и сделал неожиданное предложение. Он и его коллеги решили пригласить одного из теоретиков Института Ландау на должность директора их института. Всего в институте Макса Планка пять директоров, поочередно исполняющих административные обязанности. Идея сразу показалась мне достаточно безумной, чтобы, согласно Нильсу Бору, рассмотреть ее серьезно. Действительно, русский директор немецкого довольно престижного института! Такого еще не было. Я попросил два часа на раздумье и пообещал в обеденный перерыв дать ответ. К обеду я уже созрел окончательно и пообещал Фулде в течение двух месяцев подыскать и порекомендовать ему две кандидатуры. Окончательный выбор оставался за советом института. Однако в начале лета Фулде позвонил мне в Москву и сообщил, что совет института уже сделал выбор в пользу Константина Ефетова, и желательно, чтобы уже в ноябре тот приступил к исполнению должности директора сроком на пять лет. Следует сказать, что Ефетов в тех неофициальных рейтингах, которые я любил проводить в кругу моих друзей, всегда попадал в число двух лучших теоретиков института в области теории твердого тела. Будучи первоклассным физиком, он виртуозно применял метод функционального интегрирования для решения сверхсложных задач. Думаю, что в этом деле он не имел себе равных в мире.

В Академии наук идея командировать Ефетова в Германию поработать директором института сразу же получила поддержку. Всем было очевидно, что такое предложение полезно и для института, и для Академии наук. В институте же новость об отъезде Ефетова произвела эффект сильного землетрясения. Дело в том, что в институте можно было насчитать примерно 20 физиков, достойных занимать подобные должности в западных университетах и институтах. Притом все они знали себе цену (двенадцать членов Академии наук!). Да еще следует добавить такое же число сотрудников, которые, несколько себя переоценивая, считали, что они не уступают первым двадцати. Вся эта масса, естественно, примерилась к месту, полученному Ефетовым, и пришла к заключению, что и они могут заняться подысканием себе аналогичных должностей на Западе. Детонатор сработал, и «процесс пошел» — процесс утечки мозгов из института. Моей первой реакцией, направленной на спасение института от этого разрушительного процесса, была организация филиалов на Западе, о чем я уже писал.

Как нас учили много лет, если процесс нельзя остановить, то следует его возглавить. Однако также известно, что колесо истории остановить нельзя. Недавно я пытался произвести переучет бывшего «поголовья» института. В настоящее время примерно тридцать «голов» имеют постоянные позиции на Западе. Еще столько же — частично постоянные позиции, т.е. проводят в институте только незначительную часть времени. Что же касается Ефетова, то его карьера сложилась не столь блестяще. Его контракт в Штутгарте окончился и не был возобновлен. Процесс разрушения фундаментальной науки в Германии, который был «успешно» проведен нацистами, дает о себе знать до сих пор. В стране, которая дала миру А. Эйнштейна, М. Планка, В. Гейзенберга и других корифеев, нет места для элитарной науки. Система организации науки и образования рассчитана на середняков. То, что случилось с Ефетовым в Институте Макса Планка, характеризуется известным выражением: не в коня корм.

ДЕНЬ СЕГОДНЯШНИЙ

Опасные тенденции

Значительное количество наших ведущих ученых получили постоянные позиции в Соединенных Штатах, Израиле, Германии и во Франции. Многие ездят по программам, которые мы начинали как филиалы. И в конечном счете сейчас на наших заседаниях ученого совета собирается иногда только треть его численного состава. Но работа продолжается, хотя и не на таком уровне, не при такой «температуре», как в годы расцвета Института.

Теперь хотелось бы сказать о некоторых опасных тенденциях развития теоретической физики. Они наблюдаются не только у нас, но и в Европе, и в Соединенных Штатах — это чрезмерная математизация теоретической физики. Возникает опасный разрыв между теоретической и экспериментальной физикой.

В США это уже привело к некоторым плачевным результатам. Там возник конфликт между специалистами в области физики высоких энергий, на которую требуются очень большие затраты (строительство дорогих ускорителей), и остальной наукой, в частности учеными, которые работают в других областях фундаментальной физики. Этот конфликт был перенесен в залы конгресса США и закончился тем, что конгресс прекратил ассигнования на строительство сверхпроводящего суперускорителя, на которое уже были затрачены миллиарды долларов. Но сэкономленные деньги не дали тем физикам, которые боролись со строительством ускорителя. Вся эта дискуссия привела к тому, что конгресс вообще решил обрезать ассигнования на фундаментальную науку. Это урок: такие дискуссии ученые должны вести между собой, в своей среде, не вынося их на суд общества.

Внутри физического сообщества реакция на физиков, которые сильно математизировались и оторвались от жизни, в основе правильная. Потому что физикам приходится постоянно доказывать и научной, и широкой общественности важность своей науки для технического прогресса. В настоящее время это требует новых подтверждений.

Когда мы организовывали наш Институт теоретической физики, высказывались сомнения: не потеряем ли мы связи с экспериментальной физикой, не ударимся ли мы в схоластику.

Но этого не произошло, и это — главное достижение института. Петр Леонидович Капица сказал мне как-то лет через 10 после организации института: «Вы правильно поступили, что создали институт». И добавил: «Но надо было его создавать не в Черноголовке, а в Москве». Эти слова Петра Леонидовича были для меня высшей похвалой.

В связи с этим необходимо отметить, что связь Института Ландау с Институтом Капицы всегда была и остается самой тесной. Петру Леонидовичу долго было трудно понять, почему талантливые люди покинули лучший институт. Это — как известная проблема отцов и детей. Но Капица проявил необыкновенную щедрость души. Редко остаются хорошие отношения после развода. У нас это получилось. Я часто бывал дома у Петра Леонидовича, иногда мы играли в шахматы, о тех встречах остались самые теплые воспоминания. Но главное — Петр Леонидович разрешил нам сохранить московскую штаб-квартиру у него в институте. Благодаря этому мы сохранили не только все связи с Институтом физических проблем, но и с другими интересными для нас институтами. По сей день в Институте физических проблем продолжаются наши семинары.

Институт физических проблем остается для наших сотрудников своего рода научным клубом, куда они могут прийти в любой день, могут пользоваться первоклассной библиотекой со свежими журналами. Все свои международные мероприятия, когда Черноголовка была закрыта для иностранцев, мы тоже проводили в Институте физических проблем. Таким образом, наша база в Москве всегда имела для нас жизненно важное значение. Во всем мире наш адрес известен как: «Москва, ул. Косыгина, д. 2» — это адрес института, который носит теперь имя П.Л. Капицы.

Ставка — на молодежь

В нынешних условиях, когда Институт теоретической физики довольно сильно пострадал от «утечки мозгов», ставка должна делаться на молодежь. Основным источником, откуда мы черпали свежие кадры, всегда был Московский физико-технический институт.

Несмотря на старания реформаторов, образование в нашей стране разрушено еще не окончательно. И наша система высшего образования пока лучше западной. Наши студенты в результате строгого отбора, который все еще существует, по своим природным данным и изначальной подготовке превосходят зарубежных.

Поэтому я считаю, что, имея хороших студентов Московского физико-технического института, мы должны постараться их сохранить в нашей аспирантуре и доучить до уровня кандидатов наук (или Ph.D. на Западе).

К нам в Институт Ландау по-прежнему идут студенты. Это можно отнести на счет высокого рейтинга нашего института, но, нечего закрывать глаза, несомненно и то, что они рассматривают наш институт как подходящий трамплин для того, чтобы затем найти хорошие позиции на Западе. Что ж, если даже они распространятся по всему миру, то понесут традиции школы Ландау по всему миру. Поэтому наша задача — дать им возможность доучиться. Одним из первых шагов в этом направлении стало учреждение стипендии имени Ландау. В 1992 г. я как Гумбольдтовский лауреат работал в Германии, где встретился с директором большого атомного центра в Юлихе, недалеко от Кельна. Его звали И. Тройш. Это человек, во-первых, широкого видения и, во-вторых, способный принимать решения. Он согласился выделить нам определенные средства, и мы вместе решили, что на эти средства учредим примерно 25 стипендий для аспирантов-теоретиков из трех физических институтов: Института им. Л.Д. Ландау, Института им. П.Л. Капицы и Института им. П.Н. Лебедева. Стипендии эти назначаются специальной комиссией в результате конкурса. Возглавил это дело профессор Г. Эйленбергер, теоретик из Юлиха.

Мы не подписывали никаких документов, но вот уже почти пятнадцать лет как эта система успешно функционирует. Размер стипендии примерно соответствует сегодняшней зарплате профессора в России. Женатым добавляется еще 50%, и на каждого ребенка столько же. Эти стипендии появились раньше, чем стипендии Сороса и другие. Я думаю, что такого типа инициативы необходимы, чтобы сохранить нашу талантливую молодежь и научить ее.

Каковы дальнейшие перспективы института? Наши бывшие сотрудники, которые теперь имеют постоянные позиции на Западе,— я их называю легионерами, как футболистов, играющих в чужих командах — не порывают связь с институтом. Многие приезжают сюда в отпуск, чтобы участвовать а летних конференциях, которые мы проводим в институте. Формально они находятся как бы в командировке, причем многие относятся к этому очень серьезно. Недавно я видел заявление одного из наших сотрудников, который просит продлить ему командировку до 2010 г. Вот так — у нас уже есть документ, что институт просуществует до 2010 г. Это, мне кажется, хороший знак. Может быть, будут заявления и на более поздний срок. Это показывает, что надежду не потеряли как те, кто работает здесь, в стране, так и те, кто уехал.

Мое хобби — давать советы

В 1990 г. после установления дипломатических отношений между Советским Союзом и Израилем было, по-видимому, решено эти отношения развивать. И первым шагом стало подписание соглашения о сотрудничестве между АН СССР и Министерством науки Израиля. В Иерусалим выехала делегация АН СССР в составе президента Г.И. Марчука, вице-президента Р.В. Петрова, главного ученого секретаря И.М. Макарова, начальника УВС С.С. Маркианова, в делегацию входил и я. Израильскую сторону на переговорах возглавлял Ювал Нейман, в то время министр науки.

Наша делегация посетила ряд университетов, был согласован список проблем для проведения совместных исследований. Энтузиазм израильских ученых, проявивших большой интерес к развитию научного сотрудничества, производил впечатление. Как затем выяснилось, аналогичный интерес был проявлен и нашими учеными. Делегацию принял премьер-министр Ицхак Шамир, лидер правой партии Ликуд. У Юваля Неймана была и своя небольшая партия, тоже правой ориентации, имевшая несколько мест в кнессете.

О Ювале Неймане мне хотелось бы рассказать более подробно. Это физик-теоретик, имеющий мировую славу за открытие общеизвестной ныне симметрии в классификации элементарных частиц. Свое открытие он сделал независимо от американского физика М. Гелл-Манна, получившего за это Нобелевскую премию. Тридцать лет тому назад Нейман организовал в Тель-Авивском университете отделение физики и астрономии и много лет был ректором. Кроме того, он долгое время активно занимался политикой. О его «правизне» мне не хотелось бы судить, потому что, как мы знаем по собственному опыту, не всегда легко решить, кто правый, а кто левый.

Впервые я встретил Юваля в Брюсселе в 1973 г. на Сольвеевской конференции, о которой уже говорил. Заочно мы друг друга знали, поэтому легко нашли общий язык. Как-то за ужином я обратил внимание на серьезность обстановки на Ближнем Востоке, чреватой новой войной арабов против Израиля. При этом я особенно нажимал на численное превосходство арабов. Очень трудно было рассчитывать на то, что несколько миллионов израильтян смогут долго противостоять 100 миллионам арабов. На это Нейман мне ответил, что этому обстоятельству не следует придавать значения, поскольку Израиль имеет очень большое превосходство в военном отношении и всегда сможет справиться с превосходящими его по численности арабами.

Через неделю после нашего разговора разразилась война, в которой Израиль был близок к поражению и которая лишь чудом закончилась для него успешно.

Еще через год я встретил Неймана в Риме на астрофизической конференции, и первым вопросом, который он мне задал, был: «Как вы сумели предсказать арабо-израильскую войну 1973 года?» Наш разговор в Брюсселе явно произвел на него впечатление с запозданием, и он его трактовал как прямое предсказание этой войны. Я ему ответил, что никакими данными я не располагал и что все мои утверждения были сделаны тогда на основании интуитивного ощущения обстановки.

В 1990 г. после приема у премьер-министра Шамира, во время прощания, я шутя сказал ему, что у меня хобби — давать советы и что если ему это понадобится, — я всегда к его услугам. После того, как наша делегация покинула кабинет премьер-министра, министр Нейман задержался там еще на некоторое время. О дальнейшем я знаю от него. Он слышал мою шутку и рассказал Шамиру о том, как я «предсказал» ему в Брюсселе войну 1973 г. («войну Судного дня») за неделю до ее начала. И здесь последовала совершенно неожиданная реакция Шамира, сказавшего: «За то, что ты не придал значения вашему разговору в Брюсселе, тебя следует повесить». Как сейчас рассказывают, перед началом «войны Судного дня» весь Израиль говорил о грядущей войне, а тогдашний премьер-министр Голда Меир располагала даже данными о точной дате ее начала. Так что началу «войны Судного дня» предшествовали обстоятельства, очень сходные с теми, которые были накануне Отечественной войны 1941 г., а замечание Шамира следует рассматривать только как шутку.

События, которые произошли через короткое время после нашего возвращения в Москву, я склонен связывать с поездкой нашей делегации в Израиль. В это время в стране начались серьезные экономические трудности, и Горбачев был явно готов ухватиться за любую соломинку. В Москву были приглашены для встречи с Горбачевым министр науки и энергетики Израиля — наш знакомый Юваль Нейман и министр финансов Модаи. Модаи — несомненно, выдающийся экономист, сумевший остановить бешеную инфляцию в Израиле и добиться стабильности местной валюты. Как мне рассказывали, визит этих двух министров был организован в течение буквально одного дня, и они прямо от трапа самолета были доставлены в кабинет Горбачева, дожидавшегося их в семь часов вечера в Кремле. Моя фантазия в этом месте всегда рисует сидящего в сумерках и нервничающего в ожидании израильских министров Горбачева.

В ходе визита договорились о конкретных экономических проектах, масштабы которых измерялись миллиардами долларов и сулили большие выгоды нашей стране. Позже я узнал, что ни один из этих проектов так и не был осуществлен. Как пошутил один мой знакомый, израильские министры не знали, что тогда уже начали действовать правила, согласно которым, прежде чем начинать серьезное дело, нужно «позолотить» кому-то ручку.

Мне и теперь часто хочется давать советы, поскольку многое видится со стороны лучше, да никто их не спрашивает.

Несколько замечаний в заключение

Не хотелось бы, чтобы у читателя сложилось впечатление об «эгоистическом» характере международных программ, которые в течение многих лет развивались под эгидой Института Ландау. В действительности эти программы с самого их начала включали теоретиков из всех основных физических центров страны; а советско-французская включала не только физиков-теоретиков, но и физиков-экспериментаторов. Основная цель, которую преследовали эти программы, — поддерживать высокий уровень всей отечественной физики. Для этого мы старались расширять круг участников за счет наиболее активных и творчески работающих ученых.

Приведу пример. Выдающийся физик и астрофизик, академик и трижды Герой Социалистического Труда, Яков Борисович Зельдович почти до конца своей жизни считался «невыездным». Сейчас уже не секрет, что он был одним из творцов советского ядерного оружия. Даже через много лет после того, как он оставил эти занятия, ему разрешалось выезжать лишь в страны Восточной Европы. В 1986 г. наш институт проводил очередной совместный симпозиум с Институтом физики им. Г. Маркони в Римском университете, на этот раз посвященный астрофизике и космологии. Возникла уникальная возможность попытаться включить Зельдовича в состав делегации. Это и было сделано. Как показал результат, момент был выбран правильно. К 1986 г. ограничения на поездки уменьшились. Вопрос о выезде Зельдовича, естественно, решался на высоком уровне, и сенсация состоялась. Легендарный Я.Б. впервые появился на Западе, в Риме. К сожалению, все это произошло довольно поздно, незадолго до его ухода из жизни.

Надо сказать, что участие в работе над ядерным проектом наложило свой отпечаток на жизнь каждого, кто был в той или иной степени к нему причастен. История Зельдовича — один пример, а вот другой аспект.

Моя дочь Лена, которая, как я уже упоминал, родилась во время войны, успела вырасти и стать взрослой. В восьмидесятые годы она много вращалась в диссидентских кругах, была знакома с писателями, правозащитниками, в том числе близко дружила с писателем Владимиром Войновичем. Когда на последнего начались серьезные гонения, Лена вела себя совершенно бесстрашно. Она не только открыто бывала у Войновича в гостях, но и прятала у себя дома его рукописи, выносила их из его дома, перевозила в своей машине и так далее. Я тогда, естественно, ничего об этом не знал. Ее могли двадцать раз остановить, обыскать, найти эти бумаги... Но ее никто никогда не трогал. Я не понимал этого — почему сотрудники КГБ, непрерывно дежурившие у дома Войновича, спокойно пропускали ее мимо, не глядя, что у нее в сумке? Объяснение, как я думаю, заключается в следующем. Дело в том, что, когда мы все участвовали в Атомном проекте, Берия запретил своим подчиненным в принципе трогать этих людей и их близких. Не просто трогать, но — «разрабатывать», так это тогда называлось. Был, очевидно, составлен некий список этих людей, не подлежащих «разработке». И Лена как моя дочь была в этом списке — другого объяснения у меня нет.

Надо понимать, что такой список составлялся вовсе не для того, чтобы избавить нас за наши заслуги перед страной от преследования КГБ. Но просто не всем сотрудникам КГБ по чину полагалось знать, чем занимаются люди из этого списка. Представьте себе ситуацию — к вам приходит сотрудник КГБ (от этого никто не был застрахован), начинает задушевную беседу и спрашивает в числе прочего, чем вы таким занимаетесь. И вы обязаны ему отвечать. Так вот, то, чем занимались люди из списка, рядовому сотруднику КГБ знать было запрещено. Для того, чтобы избежать подобной ситуации, и был составлен этот список с запретом на разработку.

Физик, академик И.К. Кикоин, которого в шутку называли «сионист-сталинист», активно участвовал в Атомном проекте. Его брат, А.К. Кикоин, работавший в Свердловске, на Урале, очевидно, допускал некоторые вольности в разговорах. Об этом стало известно Берии. Тот приехал к Курчатову в институт, встретился с ним и сказал, что надо как-то попросить брата Кикоина придержать язык. Но при этом заметил: «Я вас заверяю, что все, кто как-то причастен к проекту, защищены полностью». Так вот, в этом смысле я тоже был защищен. Но, с другой стороны, я, по-видимому, несмотря на все заслуги и даже на свою переписку с Андроповым, все же был внесен в какой-то черный список.

Были разные международные комиссии, комитеты «Советские ученые за ядерное разоружение», или — «Против ядерной войны». В них входили крупные ученые, и меня, зная мои международные научные связи, несколько раз пытались включить в их состав. И каждый раз я загадочным образом из списка исчезал. Список где-то рассматривался, визировался.

Один раз было уж совершенно курьезно. Это был уже конец перестройки, железный занавес если еще не совсем рухнул, то изрядно обвис, и из страны началась утечка мозгов. Меня, как руководителя ведущего научного института, этот процесс очень волновал. Мои лучшие сотрудники стали в этих условиях думать об отъезде за границу, некоторые уже успели уехать, я понимал, к чему все это может привести и решил бороться с этим явлением. Я был вообще первым, кто начал вслух об этом говорить. Я выступал, где только мог, искал какие-то способы удержать своих ученых, пытался создать международные научные центры. Я думал о создании такого Института где-нибудь в Европе, чтобы мои сотрудники могли работать там вахтовым методом, не порывая окончательно связи с Россией... Из этого в конечном счете у меня ничего не вышло... В это время актуальность проблемы дошла уже до самых высоких уровней, до советского отдела ЮНЕСКО, и там было решено создать комиссию по утечке мозгов. Я полагал, что место в комиссии мне гарантировано. К тому времени я уже съездил на несколько международных конференций, посвященных этой проблеме, меня везде приглашали. В общем, я считался «специалистом».

Прихожу на первое организационное заседание этой комиссии ЮНЕСКО, и обнаруживаю что меня в списке комиссии нет. Тут же начали говорить: «Ой-ой-ой, это машинистка ошиблась». Список цензурировался в том же месте, где меня всегда вычеркивали. Система продолжала работать.

Кстати, о машинистках, которые совершают нужные ошибки. В конце 90-х годов я возвратился из командировки, и застал весь институт во главе с директором в глубоком унынии. Оказалось, что в Академии наук проводилась первая реформа, которая начиналась с аккредитации институтов. Предполагалось, что непрошедшие аккредитацию — будут закрыты. В Отделении физических наук РАН составили список 10 институтов подлежащих первоочередной аккредитации. Так читатель уже догадался, институт Ландау в этот список не попал. Я тут же отправился к президенту РАН Ю.С. Осипову, и недоразумение было улажено. Однако оставалось загадкой, как такое могло произойти. Однажды, прогуливаясь в Черноголовке с моим многоопытным другом и влиятельным членом РАН, я спросил его о недоразумении с аккредитацией института Ландау. И получил ответ: «Что ты устроил такой шум?! Машинистка ошиблась». Это меня наводит на мысль о «заговоре» машинисток, которые ошибаются в нужное время и в нужном месте.

***

Как учит физика, в любой замкнутой системе всегда идут процессы, ведущие к возрастанию энтропии. Но это относится лишь к суммарной энтропии системы. В отдельных частях системы энтропия может снижаться за счет повышения ее в других. В конце концов поэтому и возможна жизнь отдельных индивидуумов. Становление и расцвет Института Ландау совпал с периодом застоя в истории нашей страны, как принято сейчас характеризовать прожитые нами годы. Однако мы видели из фрагментов истории института, что в той системе всегда оставалась возможность для создания ниш, в которых шел творческий созидательный процесс. И это происходило не только в науке.

В настоящее время наша страна больше не представляет собой замкнутую систему, она лишь часть большой системы — мирового сообщества стран и народов. И эта часть теперь далека от равновесия. А в неравновесной системе могут идти процессы, предсказать направление которых, как правило, невозможно. Главная особенность Института Ландау состояла в том, что он почти с начала своего зарождения представлял собой часть мирового научного сообщества. Поэтому то, что произошло с институтом, может служить до некоторой степени моделью того, что ждет нашу страну. А главный урок — институт выжил, правда, не в том виде, какой он имел когда-то и каким был задуман.

Итоги же мне хочется подвести все же на оптимистической ноте. Я хочу сделать это словами П.Л. Капицы, который, заканчивая разговор со мной, неоднократно повторял: «Исаак, пережили татарское нашествие, переживем и это».

Потерянный рай
(вместо эпилога)

Так назвал свои годы в Институте Саша Мигдал. Предоставим ему слово[20].

«После того как не стало Ландау, И. Халатников и несколько других Апостолов создали Институт Ландау. Это была середина 60-х годов, когда страх сталинского времени исчезал, а «железный занавес» начинал ржаветь. КГБ все еще играл важную роль, но это была уже более сложная, не всегда смертельная игра.

Исаак Халатников — действительно выдающийся человек, вклад которого в теоретическую физику трудно переоценить. Он был соавтором (совместно с Ландау и Абрикосовым) эпохальной работы, где они впервые открыли известную проблему «нуль-заряда», что послужило основанием современного развития внутренне непротиворечивой теории поля. Но дело его жизни — создание Института Ландау, сыгравшего важнейшую роль в истории физики XX столетия, руководил он этим институтом несколько десятилетий. Халат был гением поли-

---

[20] Из выступления А. Мигдала на юбилее Митчелла Фейгенбаума.

тической интриги, он использовал все доступные ему связи и средства для достижения своей главной цели — собрать лучшие умы и создать им условия для свободного творчества. На поверхностный взгляд выглядело так: «*Запад обвиняет нас в антисемитизме. Лучший способ опровергнуть это — создать институт, где молодые, талантливые люди вне зависимости от национальности смогут работать, свободно путешествовать за границу, получать все, что сделает их счастливыми. Это может быть небольшой институт по стандартам Атомного проекта, где не будет секретных исследований. Он будет стоить не много, но поможет "разрядке". Вид счастливых и преуспевающих сотрудников Института скажет западным друзьям больше, чем какая-либо пропаганда*».

Вопреки ожиданиям и сомнениям этот сумасшедший план сработал. Лучшие умы были собраны в Институте Ландау, им предоставлялась возможность успешно решать физические задачи, и при этом не жевать политическую труху, как это делала вся страна. К тому же они иногда ездили за границу и обзаводились друзьями на Западе. В некотором смысле идея Халата реализовалась по максимуму. Мы стали свободными людьми мира, никто уже не мог нас контролировать, наши друзья на Западе стали нам ближе, чем наши кураторы из КГБ. Политические игры и холодная война не заботили нас в 60-е и 70-е годы.

Меня приняли в Институт Ландау в 1969 г., после защиты кандидатской диссертации. Оглядываясь назад, понимаю что это было время больших открытий в области физики твердого тела (главное направление в Институте Ландау) и физики элементарных частиц. Оба эти направления развивались взаимосвязано благодаря известной аналогии, предсказанной великим Джулианом Швингером, который заметил, что обратная температура статистической механики эквивалентна мнимому времени квантовой теории.

В начале 70-х мы с Сашей Поляковым развивали конформную теорию поля. Благодаря образовавшимся дырам в «железном занавесе» мы имели возможность публиковать наши результаты на Западе и обсуждать их с нашими западными коллегами. В результате этих дискуссий была сформулирована важная концепция аномальных размерностей.

Свободное успешное сотрудничество было так же результатом умного хода Халата, который организовал Советско-Американские симпозиумы в духе «разрядки». Первый симпозиум проходил в Москве в 1969 г., где мы представили наш подход к решению проблемы фазовых переходов, а уже на 3-м симпозиуме в Ленинграде в 1971 г. Кен Вильсон представил законченную теорию, основанную на известном ε-разложении (в пространстве дробной размерности).

Особенно запомнился симпозиум, происходивший в горах Колорадо в Аспене в 1976 г. Это был такой праздник! После бесконечных теоретических дискуссий мы поднимались в горы, вечером 4-го июля танцевали, празднуя 200-летие США, общались с дружелюбной толпой хиппи. Это был мой последний международный симпозиум, возникли «игры» с КГБ.

Институт Ландау был подобен клубу джентльменов и не похож на другие исследовательские институты, которые я знал. Мы работали дома всю неделю в одиночку, иногда встречались в квартирах своих друзей или разговаривали по телефону. Мои студенты иногда жили в моей небольшой квартире, когда необходима была интенсивная работа. Каждую пятницу мы обязательно ездили в Черноголовку, чтобы участвовать в институтском семинаре. Это было место, где мы обменивались новостями и слухами, получали зарплату, оформляли документы для поездок за границу. Происходили также неформальные семинары в одном из небольших кабинетов, где на примитивных досках мы писали рассыпающимся в руках мелом едва видимые формулы. Но именно там, в дискуссиях рождалась новая физика.

Я должен сказать о стиле семинаров, который был весьма уникален, лучшая аналогия — это псовая охота, когда докладчик волк, а аудитория стая собак. При жизни Ландау роль охотника исполнял он сам, а после его ухода место охотника оставалось вакантным, что создавало некоторый хаос в «охоте». Семинар продолжался нескончаемо, и мы не знали ничего лучше, чем «охота» друг на друга в поисках истины. Естественно, при этом забывались хорошие манеры и политкорректность. Стресс и сильные эмоции мы снимали хорошей выпивкой в кругу друзей. Мои наивные попытки перенести этот стиль дискуссий в Принстон окончились тем, что студенты пожаловались на меня декану.

Институт в 70-е годы представлял собой одну семью, где каждый знал секреты каждого, и мы не очень страдали от нашей изоляции. Препринты приходили регулярно, а сотрудники, ездившие за границу, привозили последние научные новости. В 80-е все это начало портиться. Ничто не продолжается вечно в этом мире. Некоторые из нас стали «более равными», чем другие, а наши западные друзья ничего не могли сделать с законами свободного рынка. Если вы лично не можете присутствовать и защищать свои идеи, они будут украдены или попросту проигнорированы.

Часто в Черноголовке мы устраивали вечеринки. Водка текла рекой, было много танцев, флирта, иногда заканчивавшегося мелкими потасовками. Мы были молоды, талантливы, беспечны и *свободны*. Я никогда не был так свободен в моей жизни с тех пор.

Когда я приехал в большой и реальный мир, где я живу сейчас, я понял, что никто не может жить, не неся тяжелый груз обязанностей, а тогда, в золотые 70-е, мы почти не имели обязанностей, а груз ответственности нес Халат. Деньги играли для нас незначительную роль, никто не имел денег по современным масштабам, но все удовольствия жизни были доступны, по крайней мере, так нам казалось.

Я ощущаю потерю этого сумасшедшего счастливого времени? Да. Это время ушло и никогда не вернется».

Содержание

НАЧАЛО ... 4
   Детство ... 4
   Об общественных организациях ... 6
   «Не твоего ума дело» ... 9
   Университет ... 12

ВОЙНА ... 16
   Армейские университеты ... 16
   Начальник штаба ... 20

СПЕЦПРОБЛЕМА В ИНСТИТУТЕ ФИЗПРОБЛЕМ ... 24
   Атомная бомба в ИФП ... 24
   Уход Капицы из Спецкомитета. Последняя версия ... 27
   Капица выиграл ... 37
   Кентавр ... 40
   Ландау и бомба ... 43
   Листок в клетку ... 45
   Низкие и высокие температуры ... 47
   Охрана для Ландау ... 48
   «Его нет, я его больше не боюсь, и больше заниматься этим не буду» ... 50
   Возвращение Капицы ... 52
   Капица, Ландау и Гамов ... 57

МОЙ УЧИТЕЛЬ ... 63
   Как создавалась школа Ландау ... 63
   Штрихи к ненаписанному портрету математика ... 74
   Искусство ... 76
   Теория сверхпроводимости ... 78
   Из впечатлений последних лет ... 81

ИНСТИТУТ ... 86
   Постановка задачи ... 86
   Как сохранить школу Ландау? ... 87
   Филиал или новый институт? ... 88
   О мушкетерах ... 91
   «Если дети женятся, то не советуются с родителями...» ... 93
   Как формировалась гвардия ... 96
   Мигдал, не похожий на других ... 98
   «Ландау — наш ученый или...?» ... 103
   Бескомпромиссная игра ... 107

ОКНО В МИР ... 110
   Роль случая в развитии международных контактов ... 110
   Опасные контакты ... 112
   Во власти «инстанций» ... 118

«Руки на руль!» 122
Указ королевы Юлианы 126
Наш великий ровесник 127
Ланч в замке Дуино 129
Одесское начало 132
Разные истории с благополучным концом 136
Двухстронние симпозиумы (продолжение истории) 140
Металлический водород 142
Я «открываю» Черноголовку 144
Наш первый компьютер 149
«Решение со сроком» 150
Шаг в сторону — еще немного о мушкетерах. 154
Переписка с Андроповым 159
80-летие Ландау 167
Последний мушкетер 169
Окно в Европу и целый мир 173
Советский директор немецкого института, или не в коня корм . . . 175

ДЕНЬ СЕГОДНЯШНИЙ 177
Опасные тенденции 177
Ставка — на молодежь 178
Мое хобби — давать советы 180
Несколько замечаний в заключение 182
Потерянный рай 186

Научное издание

ХАЛАТНИКОВ Исаак Маркович

ДАУ, КЕНТАВР И ДРУГИЕ. TOP NON-SECRET

Литературная обработка *А. Бялко*

Редактор *Е.С. Артоболевская*
Оригинал-макет: *О.А. Пелипенко*
Художник *С.В. Слинько*
Редактор-организатор *Т.Ю. Давидовская*

Подписано в печать 17.09.07. Формат 60×90/16.
Бумага офсетная. Печать офсетная. Усл. печ. л. 12.
Уч.-изд. л. 14,5. Тираж 1000 экз. Заказ № 81

Издательская фирма «Физико-математическая литература»
МАИК «Наука/Интерпериодика»
117997, Москва, ул. Профсоюзная, 90
E-mail: fizmat@maik.ru, fmlsale@maik.ru;
http://www.fml.ru

Отпечатано с электронных носителей издательства
в ООО «Чебоксарская типография № 1»
428019, г. Чебоксары, пр. И. Яковлева, 15

ISBN 978-5-9221-0877-5